不同生态区花生氮素利用特征研究

BUTONG SHENGTAIQU
HUASHENG DANSU
LIYONG TEZHENG YANJIU

郭峰 等 著

U0272324

中国农业科学技术出版社

图书在版编目（CIP）数据

不同生态区花生氮素利用特征研究 / 郭峰等著 .
北京 ： 中国农业科学技术出版社，2024. 12. -- ISBN
978-7-5116-7188-2

Ⅰ. S565.206

中国国家版本馆 CIP 数据核字第 202441U8Z8 号

责任编辑　王惟萍
责任校对　王　彦
责任印制　姜义伟　王思文

出　版　者　中国农业科学技术出版社
　　　　　　北京市中关村南大街 12 号　　邮编 : 100081
电　　　话　（010）82106643（编辑室）（010）82106624（发行部）
　　　　　　（010）82109709（读者服务部）
网　　　址　https ://castp.caas.cn
经　销　者　各地新华书店
印　刷　者　北京捷迅佳彩印刷有限公司
开　　　本　140 mm × 203 mm　1/32
印　　　张　4
字　　　数　101 千字
版　　　次　2024 年 12 月第 1 版　2024 年 12 月第 1 次印刷
定　　　价　53.00 元

《不同生态区花生氮素利用特征研究》

≡ 著 者 名 单 ≡

郭　峰　　王建国　　张佳蕾

李　林　　兰时乐　　尹　金

杨　正

前言

PREFACE

　　花生是我国重要的油料作物之一，在我国油料供给中占有重要地位。花生作为豆科作物，共生的根瘤菌能固定空气中、土壤中的游离氮素，这种共生固氮是目前清洁、高效的生物固氮方式，然而，根瘤固氮量一般只占花生生长发育所需氮素的40%～60%，要保证较高的花生产量，还需施用适量的外源氮素。由于种植者越来越追求花生高产，大量施用化肥，特别是氮肥已严重超标，忽略或不重视花生自身的根瘤固氮作用，当这些土壤氮水平超过给定的阈值时，会完全抑制固氮酶活性，导致"氮阻遏"现象的出现。大量施氮还会导致氮素的流失与环境污染。因此，研究花生科学施氮的意义重大。

　　我国花生种植范围广泛，其中黄淮地区和长江流域均为我国重要的花生种植带，但这两个区域的气候条件、土壤类型、耕地质量、生产习惯等方面均存在着较大差异，施肥习惯及方式、施肥数量更是受到各方面因素的影响；南方酸性土壤和北方碱性土壤截然不同，花生品种的适应性及氮肥施用量均存在一定差异。为此，在国家重点研发计划（2018YFD1000900）、山东省重点研发计划（2022CXPT031）、山东省花生产业技术体系（SDAIT-04）、山东省农业科学院齐鲁农科英才工程等项目的支持下，选择黄淮地区（济南）和长江流域（长沙）两个不同生态区的花生产区，选用普通大花生花育 22 和高油酸大花生冀花 16 作为试验材料，设不施氮、基施纯氮 120 kg/hm² 和基施纯氮 240 kg/hm² 3 个氮肥梯度，开展了不同生态区花生氮素利用特征研究：从施氮对花生生长发育、氮代谢生理、主要营养元素吸收及运转、土壤无机氮含量及微生物多样性、产量和品质等方面的影响进行了研究，以期为花生的资源高效利用提供理论依据和技术支撑，促进花生"优质丰产、提质增效"。

该书内容的研究与编写，除得到各级项目的资助外，团队成员及研究生也做了部分工作，在此一并表示感谢。

由于我国花生种植南北差异较大，且同一区域、不同种植地块土壤质地及肥力也存在一定差异，试验地块并不能完全代表该区域，加之作者水平有限，书中难免会出现不足之处，敬请广大读者批评指正。

著　者

2024 年 7 月

目录

CONTENTS

第1章 氮素在花生生长发育中的作用及研究意义 … 001

第一节 氮在农业种植中的作用及对环境的影响 ………… 002

第二节 花生氮营养特点 ……………………… 005

第三节 花生对氮的吸收及运转 ……………… 006

第四节 我国花生施氮现状及问题 …………… 010

第五节 不同生态区花生氮素利用特征研究的意义 ……… 012

第2章 施氮对花生生长发育的影响 ……………… 015

第一节 施氮对花生主茎高、第一对侧枝长及分枝数的
影响 …………………………………… 016

第二节 施氮对花生干物质积累和分配的影响 ………… 019

第3章 施氮对花生叶片氮代谢生理的影响 …………… 027

第一节 施氮对花生叶片叶绿素含量的影响 ………… 028

第二节 施氮对花生叶片主要氮代谢酶活性及可溶性
蛋白含量的影响 …………………………… 029

第三节　施氮对花生结瘤基因表达的影响 …………………… 036

第4章　施氮对花生植株主要营养元素积累及分配的影响　037

第一节　施氮对 JH16 各生育时期主要营养元素积累的
影响 ………………………………………………… 038

第二节　施氮对不同播期花生成熟期植株氮素积累及分
配的影响 …………………………………………… 042

第5章　施氮对土壤无机氮含量的影响 ……………………… 049

第一节　施氮对土壤硝态氮含量的影响 ……………… 050

第二节　施氮对土壤铵态氮含量的影响 ……………… 055

第6章　施氮对土壤微生物多样性的影响 ………………… 061

第一节　施氮对土壤细菌多样性的影响 ……………… 062

第二节　施氮对土壤真菌多样性的影响 ……………… 091

第7章　施氮对花生产量和品质的影响 ……………………… 103

第一节　施氮对花生产量和产量构成因素的影响 ………… 104

第二节　施氮对花生品质的影响 ……………………… 107

第8章　结论与展望 ……………………………………… 111

主要参考文献 ………………………………………… 115

第 *1* 章

氮素在花生生长发育中的作用及研究意义

氮在农业种植中的作用及对环境的影响

一、氮对农作物的积极作用

氮素是保障植物正常生长发育以及获得高产量、高品质的必要元素，是核苷酸、蛋白质、磷脂、叶绿素及某些植物激素的重要组成成分。植物根系吸收的无机态氮素主要为铵态氮和硝态氮（陶爽 等，2017），农业生产中所使用的氮肥大多数为尿素，施入土壤后，土壤脲酶可以将酰胺态氮转化为铵态氮，铵态氮可以以多种方式进入作物体内，如 NH_4^+-N 可以去质子化形成 NH_3，穿过细胞膜进入植物细胞，质子化后再转化成 NH_4^+，也可以通过细胞膜上的 NH_4^+ 运输通道进入细胞（邢瑶 等，2015），然后经由多种氮代谢相关酶将 NH_4^+ 转化为谷氨酸和谷氨酰胺，再被转化为天冬氨酸和天冬酰胺，最后转化成多种其他氨基酸，在植物生理过程中发挥重要作用。

合理施用氮肥可以促进作物根系发育，提高对土壤养分的吸收能力，保障植株具有合适的生物量；而氮肥施用不足会导致植株矮小、叶片发黄，进而影响作物的产量与品质；但是，过量施用氮肥并不能一直提高作物生产性能，反而会导致作物的产量及品质下降。

二、氮的挥发与淋溶

多年来，我国氮肥产量和消费量均稳居世界第一，有力地保证了农作物连续丰收。然而，为追求作物高产，我国农田氮肥施用量普遍高于国际标准，且氮肥利用率也与发达国家存在较大差距。氮肥可以通过多种途径损失，例如氮素可以转化为无机气态氮（NH_3、N_2、N_2O）挥发至大气，其中 NH_3 占主要部分，NH_3 挥发量与耕作方式（李诗豪 等，2018）、土壤 pH 值（彭玉净 等，2012；李菊梅 等，2008）、温度（郝小雨 等，2012）、田面水 NH_4^+ 和土壤 NH_4^+ 含量（马玉华 等，2013）显著相关。农田施用氮肥后，NH_3 挥发量在 1～3 d 内到达顶峰，在 7～9 d 趋于平稳（Griggs et al.，2007），因此，农业生产中常常使用脲酶抑制剂来缓释氮素，以提高氮肥利用效率，减少氨挥发（彭玉净 等，2012）。

除氮挥发至大气中造成损失外，NO_3^--N 淋失也是氮元素损失的重要途径，对于偏爱 NO_3^--N 的作物通常施用含 NO_3^--N 的氮肥，此外，土壤中的硝化细菌也可以进行硝化作用将多种形态的氮转化为硝态氮，从而增加土壤中硝态氮含量。NO_3^--N 不易被土壤微粒吸附结合，容易随水流淋失进入河流乃至地下水，极可能导致水质恶化、富营养化和缺氧，而农业活动密集的区域地下水中 NO_3^--N 含量往往要更高。Ji 等（2017）采用双同位素方法和 MCMC 混合模型对中国东部典型农业流域长乐河流域 NO_3^--N 污染源进行了定量识别，研究结果表明，NO_3^--N 污染是此区域地表水水质退化的主导因素，其地表水和地下水中 NO_3^--N 均占总氮的 70% 以上。Bu 等（2017）分析海城河河流中季节性硝酸盐来源及其转化过程发现，初夏 NO_3^--N 是由合成肥料的硝化作用引起的，夏末和秋季的 NO_3^--N 来自土壤有机质或污水和粪便。

三、施氮对土壤环境的影响

为保障农作物产量，农业生产中肥料的施用必不可少，这直接导致了土壤理化性质的变化。有研究表明，施氮会增加土壤中无机氮的含量（Guillard et al., 1995；Liu et al., 2003；李晓欣 等，2003；崔钰曼，2015）。随着施氮量的增加，植株吸收肥料的氮素增多，吸收土壤的氮素减少，导致土壤中残留氮素显著增加（赵俊晔 等，2006）。减量施氮主要增加 0～20 cm 土层中无机氮含量，进而提高作物产量（徐茵 等，2020）。施肥主要是影响土壤中硝态氮含量，对铵态氮含量无明显影响（刘学军 等，2001）。

氮磷钾肥的施用可以增加相应的速效养分，有机肥的施用可以增加土壤有机质含量，除提高土壤质量外，施肥对土壤微生物群落结构也有重要影响。因此，在根际微生物的相关研究中往往会将微生物群落结构与土壤环境因子联系起来，寻找对微生物群落有显著影响的因子。有研究表明，土壤中细菌和真菌的数量随施氮量的增加而增加（申晓慧，2014）。杨瑒等（2014）研究发现，与不施氮处理相比，施氮量为 90 kg/hm² 和 180 kg/hm² 能显著提高土壤中细菌、真菌以及放线菌的数量。刘苗等（2011）研究发现，施氮显著提高土壤中微生物数量，其中细菌数量提高最多，其次是放线菌数量和真菌数量。

因此，大田生产中，不应盲目施氮，要根据作物需氮规律、地力条件、产量水平等因素确定施氮量，减少氮素损失、提高氮素利用效率。我国农业生态区域跨度很大，各地区光温热及降水自然和生态条件、土壤类型及长期形成的土壤环境差异较大，施氮策略及技术应有所差别，探索研究施氮方式、数量、种类等因素对作物生长发育、产量及品种的影响，明确氮的去向及途径，减少氮损失对环境的不良影响。

第二节
花生氮营养特点

氮是花生进行生命活动的基本成分，对花生的生长发育具有重大影响。花生是富含蛋白质的作物，蛋白质含氮量约为18.3%。据山东省花生研究所测定，成熟后的花生植株体内，根茎叶等营养体内全氮含量约为1.51%，占全株总氮量的28.4%；果针、幼果、荚果等生殖体含氮量约为3.11%，占全株总氮量的71.6%。花生植株体内全氮含量较禾谷类作物高，其每生产100 kg的荚果，需要吸收（5.45±0.68）kg氮素，比生产相同数量的禾谷籽粒高1.3～2.4倍（万书波 等，2003）。吴旭银等（2007）研究显示，花生荚果产量水平在6 000 kg/hm² 左右时，每生产100 kg的荚果需要吸收4.22 kg的氮素。还有研究表明，夏花生需氮量略高于春花生，达到5.8～6.4 kg，且随着花生产量提高有降低的趋势。

氮素供应适宜时，蛋白质合成量最大，细胞的分裂和增长加快，花生生长茂盛、叶色深、叶面积增长快，光合强度高、荚果充实饱满（万书波 等，2003）。缺氮时，蛋白质、核酸、叶绿素合成受阻，光合强度减弱；花生植株矮小，叶片细小直立，与茎的夹角小，叶色淡绿，严重时呈淡黄色；氮素在植物体内是可利用的元素，缺氮症状通常从老叶开始，老叶中蛋白质分解，运送到生长旺盛幼嫩部位供再生利用；若缺氮严重时，会逐渐扩展到上部幼小叶片；缺氮花生茎秆细长，分枝减少，茎基部有时呈现红黄色或紫色，花和荚果减少，荚果不饱满，显著影响产量和品质。氮素过多时，根系共生根瘤减少，加上磷钾肥配合不当，会造成植株营养失调，地上部营养体徒长，茎秆柔软，植株贪青晚熟或倒伏，抗病性减弱，生殖体发育不良，结果少、荚果秕，产量降低，品质下降（孙学武 等，2022）。

第三节
花生对氮的吸收及运转

花生对氮素的吸收主要是以氨态氮和硝态氮进行的，根系吸收的氮素先转运到茎叶，然后再输送到果针、幼果和荚果。

一、花生所需氮素来源及氮素利用

花生为豆科作物，共生的根瘤菌能固定空气中、土壤中的游离氮素，供给花生部分氮素营养；另外，还需要吸收土壤和肥料中的氮素。花生吸收利用氮素受土壤质地及肥力、土壤温度及含水量、氮肥种类及用量、花生品种、栽培方式等众多因素的影响。

（一）土壤质地对花生氮吸收的影响

不同质地的土壤，其本身含有的氮素营养差异较大，对花生氮素的吸收产生影响。孙学武等（2013）研究表明，砂姜黑土和棕壤土对花生幼苗期根、茎、叶氮积累量差异不大；出苗后50 d到成熟期，砂姜黑土花生根、茎、叶氮积累量显著高于棕壤土，茎、叶中转移到荚果的氮素量绝对值大于棕壤土。

（二）土壤环境对氮肥效率的影响

土壤中氮的转化及花生的吸收受土壤pH、土壤微生物、土壤温湿度等诸多因素的影响。除很少的氨基酸态氮能被根系直接吸收利用外，绝大部分的有机态氮需要在土壤微生物的作用下，进一步转化为无机氮。氮的转化与土壤pH密切相关，氮素发生氨化反应最适宜pH值为6.6~7.5，进行硝化作用最适宜pH值为6.5~7.9，氮素固定作用最适宜pH值为6.5~7.8，总的反应趋于中性最佳，此时土壤有效氮含量最高（王才斌 等，2017）。花生喜欢弱酸性土壤环境，因此，中性偏弱酸的作用环境对花生最为适宜。

花生对氮素的吸收还受土壤紧实度的影响。盆栽条件下，土壤高度紧实胁迫下，结荚期花生根、茎、壳针、籽仁等各器官氮含量均显著下降，植株积累的氮主要分布在茎叶，其次是籽仁，果壳与果针再次之，根系最好（罗盛，2016）。由此可见，土壤紧实度提高后，土壤容重增大，土壤水分和气体含量降低，机械阻力增大，影响了根系生长，导致花生对氮的吸收减少（刘崇彬 等，2002）。同时根瘤菌固氮酶活性降低，固氮能力减弱，供氮减少（张亚如 等，2017）。

（三）氮肥种类对土壤供氮及氮利用的影响

氮肥的种类多样，如尿素、硫酸铵、碳酸氢铵、氯化铵等，研究表明，尿素、硫酸铵、氯化铵这3种不同种类肥料对花生植株吸收的总氮量影响不显著，对肥料的供氮影响不明显；但对土壤和根瘤菌固氮影响显著，土壤供氮率尿素最低为21.4%、氯化铵最高为50.3%；根瘤菌的固氮率硫酸铵最高为64.6%、其次为尿素60.7%，氯化铵最低为39.7%，对根瘤菌供氮抑制明显（万书波 等，2003）。Wang 等（2016）研究表明，酰胺态氮素利用最高，达42.0%；铵态氮、硝态氮及硝铵混合氮素利用率均较低，在29.1%～30.0%，三者之间差异不显著（王才斌 等，2017）。

（四）施氮量对不同氮源供氮及氮肥利用的影响

随着施氮量增加，肥料和土壤供氮率均增加，花生对氮素的吸收增加，而氮肥利用率显著降低，根瘤菌供氮率也显著降低。1996年山东省花生研究所研究表明，中等肥力砂壤土，不施氮肥时土壤供氮率约为20%，而根瘤菌的供氮率超过80%；在施氮素 112.5 kg/hm^2 以下时，根瘤菌固氮＞土壤供氮＞肥料供氮；施氮素 150 kg/hm^2 时，土壤供氮＞根瘤菌固氮＞肥料供氮；施氮素 225 kg/hm^2 时，土壤供氮＞肥料供氮＞根瘤菌固氮。肥料用量与肥料供氮、土壤供氮均呈极显著正相关，与根瘤菌固氮呈极显著负相关（万书波 等，2003）。一定范围内，花生氮素吸收量随着施氮量的增加而增加，在施氮量达到一定水平时花生氮素吸收量下降（张翔 等，2012）。与不施氮相比，施氮提高了花生地上部植株和籽仁氮素积累量，随着施氮增加，营养体中的氮分配比例增加，而荚果中的分配比例降低（吴正锋，2014）。

（五）不同花生品种对氮素的吸收

不同类型、不同基因型花生品种对氮素的吸收利用存在一定差异。山东省花生研究所对 5 个不同类型花生品种植株体内的氮素来源进行了研究，表明肥料供氮率和土壤供氮率均以多粒型四粒红最高，龙生型西洋生最低；而根瘤菌供氮率则以龙生型西洋生最高，多粒型四粒红最低（万书波 等，2003）。孙俊福等（1989）研究表明，花生氮素当季吸收利用率为 51.5%～60.4%，珍珠豆型鲁花 3 号最高，龙生型西洋生次之，多粒型四粒红最低。房曾国等（2015）比较了 5 个花生品种的氮积累规律，结果表明：花生播种后 50 d，丰花 5 和潍花 10 吸收氮素的能力最强，花育 25 次之，鲁花 11 和青花 6 最低；收获时，鲁花 11 地上部氮素积累量最高，潍花 10 最低，而地下荚果氮素积累量青花 6 最高，花育 25 次之，潍花 10 最低。

二、花生根系对氮素的吸收及分配

花生对氮素的吸收总量，表现为随生育期的推进和生物产量的增加而增多。不同类型品种各生育期吸收氮素量占总生育期吸氮量的比例有所差异，早熟品种花生花针期吸收氮素最多，晚熟品种以结荚期吸收氮素最多，幼苗期和饱果期较少。

花生不同器官不同生育期氮吸收分配比例也不同。生育中前期，以营养生长为主，氮的运转中心在叶片，叶部干物质氮含量约占 7.8%；生育中后期以生殖生长为主，结荚期氮的运转中心转向果针和幼果，其干物质中氮素含量约为 3.49%，结荚期转向荚果，其干物质中氮素含量约为 3.71%（万书波 等，2003）。

三、花生叶片对氮素的吸收利用

花生叶片对氮素有较好的吸收能力，喷施速效氮素叶面肥时，氮素能以较快的速度通过叶片角质层上裂缝和从表层细胞延伸到角质层的胞间连丝，吸收到植株体内，快速补充氮素营养，且利用率较高，向荚果转运的比率明显高于根系吸收的氮素。因此，在花生基施氮肥不足或植株缺氮素时，进行叶面喷施速效氮肥不失为一种有效的补救措施。在目前国家实施化肥减施的政策下，可以适当减少花生基施氮肥数量，根据花生生长发育时期及状况，调整叶面喷施速效肥次数，整体达到减少氮肥用量、提高氮肥利用率的目的。

第四节
我国花生施氮现状及问题

一、我国花生施氮现状

花生因供生根瘤菌能够固氮，被认为是抗旱耐瘠的"先锋作物"，传统栽培很少施用氮肥。美国作为世界上农业发达的国家，其当茬花生一般不大量施用氮肥，而重视前茬肥施用或采用轮作休耕方式培肥地力，播前进行根瘤菌剂拌种、种子包衣，生茬地施用适量根瘤菌剂。花生种植大国印度除个别种植户施用少量有机肥外，一般施氮素 12.5 kg/hm²。我国为了追求花生高产，且随着化肥工业的发展，从 20 世纪 60 年代开始花生施氮逐渐被重视，科技工作者进行了大量试验，证明花生施氮不仅高产，配合其他元素肥料施用，还可改善品质，施氮逐渐成为花生高产的一项关键技术措施。20 世纪 80 年代初期，山东省按照单产 7 500 kg/hm^2 花生荚果，测算每生产 100 kg 荚果，植株积累氮量约 5 kg，结合植株营养特性和肥料特点，提出了氮减半的方案，氮素实际施用量约 2.5 kg，配合施用磷（P_2O_5）2 kg、钾（K_2O）2.8 kg，在全国花生主产区高产栽培中曾得到广泛应用。随着施氮量的增加，生产中花生着生根瘤逐渐减少，其本身固氮量减少，且增加了施肥成本。近年来，随着生产观念的转变，花生施氮量有下降的趋势，高产田一般建议施用化肥纯氮 120～150 kg/hm^2，中低产田一般建议施用化肥纯氮 60～105 kg/hm^2。在实际生产中，种植户一般施用三元复合肥 500～750 kg/hm^2，按照氮素含量 15% 折算，折合纯氮 75～112.5 kg/hm^2，根据产量水平，高产地块再加施部分氮素化肥（王才斌 等，2017）。

二、我国花生施氮存在的问题

（一）以氮为主的化肥施用量大，营养搭配不均

近年来，我国化肥年均消耗量持续下降，但仍约 5 100 万 t，为世界第一化肥消费大国，其中农用氮肥施用折纯量约 1 800 万 t，占比约 35%。王德民等（2009）调查显示，一些种植户花生田长期只施用复合肥 750 kg/hm^2 左右，山东省花生种植平均施氮（N）、磷（P_2O_5）、钾（K_2O）量分别为 181 kg/hm^2、131 kg/hm^2、134 kg/hm^2；湖北省花生平均产量为 2 968.1 kg/hm^2，氮（N）、磷（P_2O_5）、钾（K_2O）平均施用量分别为 114.7 kg/hm^2、60.7 kg/hm^2、

25.2 kg/hm^2（余常兵 等，2011），均明显施氮过量，而钾肥、有机肥等比例偏小。由于花生市场价格上扬，种植户为追求高产，不断增加肥料用量，山东半岛、鲁南地区等花生产区多数种植户复合肥使用量达到 1 350～1 500 kg/hm^2，一些高产创建活动地块施氮 180～300 kg/hm^2（山东省平邑县农业局，2009；曾英松，2010）。

（二）氮肥利用率降低、环境变差

大量施用氮肥，不仅增加了生产成本，还导致氮肥利用率降低、耕地养分及有机质含量普遍降低、土壤酸化及板结，加剧了土壤理化性质恶化，土壤耕性、保水保肥能力降低，对自然灾害的抵抗能力下降，花生的产量和品质进一步降低。此外，施肥同时带入土壤一些有害成分，如砷、镉等元素，花生对镉富集能力较强，特别是直接食用的花生籽仁部分，进入人体直接影响人体健康。除直接被花生吸收利用的氮素外，还造成氮淋溶、水体富营养化、温室气体排放增加等环境问题（Lee et al.，2013）。

第五节
不同生态区花生氮素利用特征研究的意义

虽然氮肥的施用为花生增产作出了突出贡献，但是大量的氮肥施用也会带来诸多环境问题，调整氮肥施用量与施肥模式是花生可持续发展的有效途径之一，氮肥施用量与生产性能存在极大关联。不同种植模式、不同施肥时期、不同品种花生对施氮量的响应不尽相同，直接影响花生的产量和品质，以及氮肥利用率。为此，在不同生态区开展不同施氮量对花生氮素利用机制研究，阐明花生的产量形成、品质调控、氮素吸收利用特征以及氮肥利用效率的变化规律，氮肥对花生根际土壤微生物的影响等，为花生的资源高效利用提供理论依据和技术支撑，确保花生"优质丰产、提质增效"。

本书试验选择在黄淮地区（济南）和长江流域（长沙）两个不同生态区的花生产区进行。选用普通大花生花育 22（HY22）和高油酸大花生冀花 16（JH16）作为试验材料。设 3 个氮肥梯度：对照低氮 N0（不施氮）、中氮 N1（基施纯氮 120 kg/hm²）、高氮 N2（基施纯氮 240 kg/hm²）。

济南：在山东省农业科学院济阳试验基地进行，0～20 cm 土壤基本理化性质为 pH 值 8.24、有机质含量 17.33 g/kg、全氮含量 1.15 g/kg、碱解氮含量 124.21 mg/kg、有效磷含量 38.89 mg/kg、速效钾含量 140.0 mg/kg。设置了 4 个播期：B1（4 月 30 日）、B2（5 月 10 日）、B3（5 月 20 日）、B4（5 月 30 日），与氮处理组合，共 24 个处理，每处理 3 次重复，裂区设计。氮肥选用尿素（N≥46.4%），每小区均在花生播种前 7 d 基施钙镁磷肥（含 P_2O_5≥12.0%）600 kg/hm²、磷酸二氢钾（P_2O_5≥52%、K_2O≥34%）57 kg/hm²、硫酸钾（K_2O≥52.0%）201 kg/hm²。花生单粒播种，理论密度 25 万株 /hm²，垄距 80 cm，覆膜栽培，按大田常规化管理（尹金，2021；王建国 等，2022）。

长沙：在湖南省长沙市芙蓉区湖南农业大学耘园基地进行，试验土壤为第四纪红壤发育的水稻土，0～20 cm 土壤基本理化性质为 pH 值 6.0、有机质含量 19.45 g/kg、全氮含量 1.35 g/kg、碱解氮含量 130.2 mg/kg、有效磷含量 65.32 mg/kg、速效钾含量 257.65 mg/kg。6 个处理，每个重复 3 次，随机区组排列。每小区施 P_2O_5 72 kg/hm^2、K_2O 171.6 kg/hm^2。选用尿素（N≥46.4%）、钙镁磷肥（含 P_2O_5≥12.0%）、硫酸钾（K_2O≥52.0%）。垄距 80 cm，花生单粒播种，理论密度 22.7 万穴 /hm^2。其他管理同花生大田生产（杨正，2022；杨正 等，2021；Yang et al., 2022）。

第 2 章

施氮对花生
生长发育的影响

第一节
施氮对花生主茎高、第一对侧枝长及分枝数的影响

一、施氮对花生主茎高的影响

施氮对花生的主茎高有一定的促进作用，不同产区存在一定差异。同一播期不同施氮水平，济南地区 HY22 与 JH16 的主茎高均在 B1 和 B2 播期随着施氮量增加而呈现增加趋势，在 B3 和 B4 播期均随着施氮量增加呈现先增加后降低的趋势（图 2-1）。长沙地区两个品种均随着施氮量增加呈现先增加后降低的趋势，施氮与不施氮差异显著，N1 与 N2 处理无显著差异（图 2-2）。表明地域间存在差异，大量施氮并不完全利于花生主茎生长。

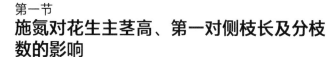

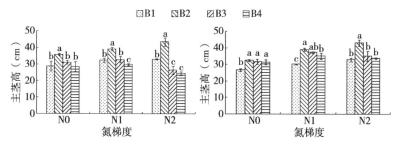

图 2-1 施氮对不同播期 HY22（左）和 JH16（右）主茎高的影响（济南）

同一施氮水平下，随着播期的推迟，花生主茎高呈现先增加后降低的变化趋势，均在 B2 播期达到最大值。B2 播期 HY22 的

主茎高均与其他播期差异显著，JH16 仅在 N2 处理下与其他播期差异显著（图 2-2）。表明北方地区适当播期、合理施氮可促进花生主茎生长发育。

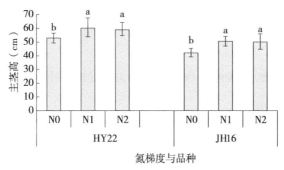

图 2-2　施氮量对花生主茎高的影响（长沙）

二、施氮对花生第一对侧枝长的影响

随着施氮量的增加，同一播期整体上花生的侧枝长不断增加，尤其 B2 播期 N2 处理，HY22 和 JH16 第一对侧枝长分别达到 46.7 cm 和 47.7 cm（图 2-3）。长沙地区，与不施氮相比，施氮显著促进两个品种的第一对侧枝生长，N1 和 N2 处理间差异不显著；品种间存在差异，每个氮处理 HY22 的侧枝长度均明显长于 JH16（图 2-4）；表明施氮过多在长沙地区并没有表现出优势。

同一施氮水平下，随着播期的推迟，两个花生品种侧枝长均呈现先增加后降低的变化趋势，均在 B2 播期下达到最大值。HY22 B2 播期与其他播期处理均差异显著。JH16 在 N1 和 N2 水平下，B2 播期与其他播期处理差异显著；不施肥情况下，B2 仅与 B1 播期处理存在差异，与 B3 和 B4 播期无显著差异（图 2-3）。表明北方地区适当播期、合理施氮可促进花生侧枝生长发育。

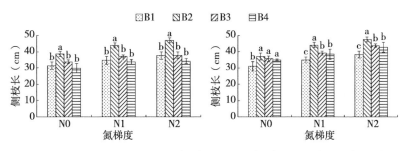

图 2-3 施氮对不同播期 HY22（左）和 JH16（右）侧枝长的影响（济南）

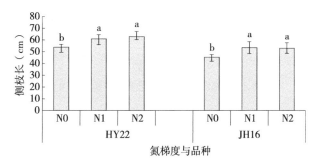

图 2-4 施氮量对花生第一侧枝长的影响（长沙）

三、施氮对花生分枝数的影响

施氮与播期对花生的分枝数也有一定的影响。同一播期，随着施氮量的增加，花生分枝数整体上呈上升趋势。济南地区，4 个播期 N2 处理较 N0 处理分别增加 19.2%、23.3%、18.8% 和 17.2%（图 2-5）。长沙地区，N1、N2 处理与 N0 处理均达到显著水平，HY22 N1 与 N2 处理差异不显著，JH16 N1 与 N2 处理差异显著（图 2-6）。

同一施氮水平，随着播期的推迟，两个品种的分枝数均呈现先增加后减少的趋势，且均在 B3 播期下达到最多，仅与 B1 播期差异显著，与 B2 和 B4 播期差异不显著（图 2-5）。

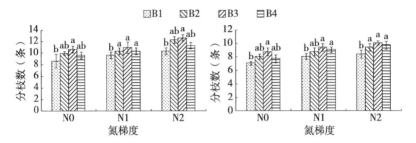

图 2-5　施氮对不同播期 HY22（左）和 JH16（右）分枝数的影响（济南）

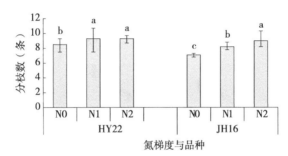

图 2-6　施氮量对不同生育期花生分枝数的影响（长沙）

第二节
施氮对花生干物质积累和分配的影响

一、施氮对花生干物质积累的影响

　　济南地区，播期和施氮量对花生植株干物质积累影响显著。早播花生生育前期的干物质积累较慢，表现为生长缓慢；生育后期干物质积累速率加快，表现为生长较快。晚播花生生长表现规律与早播相反，生育前期生长加快，干物质积累多；而生育中后期干物质积累缓慢，尤其是转向荚果的积累量相对较少，表明花生晚播不利于实现高产。成熟期 HY22 植株干物质量在 B1、B2 和 B3 播期下相比 B4 播期分别提高 14.4%～17.6%、10.4%～15.1% 和 5.7%～9.6%，JH16 植株干物质量分别提高 17.7%～21.1%、12.8%～13.9% 和 7.3%～11.3%。施氮量为 240 kg/hm² 时，植株干物质量最高，两个品种在结荚期和成熟期较不施氮处理分别增加 28.0% 和 26.1%（HY22）、27.0% 和 25.4%（JH16）（图 2-7、图 2-8，表 2-1、表 2-2）。

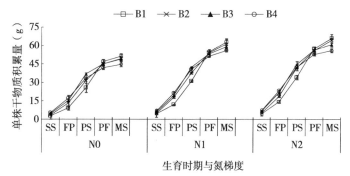

SS—苗期；FP—花针期；PS—结荚期；PF—饱果期；MS—成熟期。

图 2-7　施氮对不同播期 HY22 干物质积累的影响（济南）

表 2-1　播期与施氮交互作用对 HY22 干物质积累的影响

变异来源	SS	FP	PS	PF	MS
播期（B）	**	**	**	**	**
氮水平（N）	**	**	**	**	**
B×N	ns	ns	ns	ns	ns

注：1. SS—苗期、FP—花针期、PS—结荚期、PF—饱果期、MS—成熟期。
　　2. ns 表示处理间无显著性差异，** 表示在 0.01 水平上差异显著。

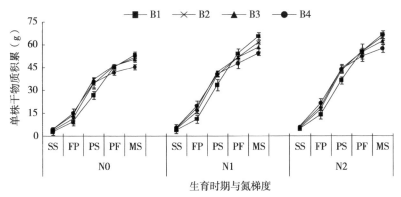

SS—苗期；FP—花针期；PS—结荚期；PF—饱果期；MS—成熟期。

图 2-8　施氮对不同播期 JH16 干物质积累的影响（济南）

表 2-2　播期与施氮交互作用对 JH16 干物质积累的影响

变异来源	SS	FP	PS	PF	MS
播期（B）	**	**	**	**	**
氮水平（N）	**	**	**	**	**
B×N	ns	ns	ns	ns	ns

注：1. SS—苗期、FP—花针期、PS—结荚期、PF—饱果期、MS—成熟期。
　　2. ns 表示处理间无显著性差异，** 表示在 0.01 水平上差异显著。

　　长沙地区，施氮也促进花生干物质积累，但是两个品种表现的规律性不一致，N1 水平下 HY22 干物质积累最高，与 N0、N2 处理差异显著；而 JH16 在 N2 水平下干物质积累最高，与 N0、N1 处理差异显著。一定程度说明，中氮水平有利于普通花生 HY22 干物质积累，高氮水平有利于高油酸花生 JH16 干物质积累（图 2-9）。

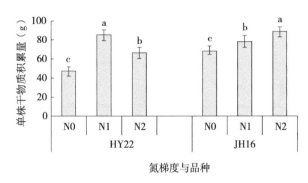

图2-9　施氮对花生干物质积累的影响（长沙）

二、施氮对花生干物质分配的影响

济南地区，播期推迟会显著降低荚果重和收获指数，一定的施氮量会增加荚果重和收获指数。HY22的收获指数，同一施氮水平下，B1处理均仅与B4处理差异显著，与B2和B3处理无显著差异，且B2与B3处理无显著差异；同一播期，B1和B3不同施氮水平均差异不显著；B2播期N0与N1处理差异显著，但N1与N2处理差异不显著；B4播期N0与N1、N2处理均差异显著，但N1与N2处理差异不显著（表2-3）。JH16的收获指数，在N0、N2水平下，B1、B2、B3 3个处理无显著差异，B1、B2处理均与B4处理差异显著；在N1水平下，B1与B3、B4处理差异显著，B2、B3、B4 3个处理无显著差异。同一播期，B1、B3和B4播期均在不同施氮水平差异不显著；B2播期N0、N1处理均与N2处理差异显著（表2-4）。表明适当早播和施氮会提高两个花生品种的收获指数。

表 2-3　HY22 成熟期不同器官干物质分配（济南）

处理		根 (g/株)	茎 (g/株)	叶 (g/株)	果针 (g/株)	荚果 (g/株)	收获指数
N0	B1	1.29a	12.08c	11.01d	1.40c	25.48ef	0.50ab
	B2	1.07bcd	12.27c	10.86d	1.42c	23.82ef	0.48b
	B3	0.92cdef	12.40c	11.54cd	1.82bc	22.40fg	0.46b
	B4	0.85f	11.95c	11.10d	1.50c	19.39g	0.43c
N1	B1	1.20ab	13.84b	12.24bc	2.16ab	33.54ab	0.53a
	B2	1.00cdef	13.97b	12.92ab	1.73c	31.83abc	0.52a
	B3	0.98cdef	14.36b	12.55b	1.76bc	29.42cd	0.50ab
	B4	0.91def	14.27b	12.25bc	1.46c	27.02de	0.48b
N2	B1	1.08bc	14.35b	13.10ab	2.54a	34.79a	0.53a
	B2	0.91def	15.39a	13.83a	1.71c	32.62abc	0.51ab
	B3	1.04bcde	14.65ab	13.09ab	1.69c	30.36bcd	0.50ab
	B4	0.90ef	14.18b	12.60b	1.55c	26.75de	0.48b

注：同一列数据后不同小写字母表示在 0.05 水平上差异显著。

表 2-4　JH16 成熟期不同器官干物质分配（济南）

处理		根 (g/株)	茎 (g/株)	叶 (g/株)	果针 (g/株)	荚果 (g/株)	收获指数
N0	B1	1.02a	12.53b	10.93de	1.73bcde	27.11de	0.51ab
	B2	1.07a	12.78b	11.70cd	1.20e	24.86de	0.48b
	B3	0.89a	12.77b	11.76cd	1.71bcde	23.29ef	0.46bc
	B4	0.98a	12.45b	10.50e	1.42cde	19.95f	0.44c
N1	B1	0.99a	14.49a	12.48abc	1.97bc	35.85a	0.55a
	B2	1.02a	14.59a	12.74abc	1.46cde	31.42bc	0.51ab
	B3	0.93a	14.66a	12.46abc	1.58bcde	28.65cd	0.49b
	B4	1.01a	14.31a	11.98bcd	1.39de	25.62de	0.47bc

表 2-4（续）

处理		根 (g/ 株)	茎 (g/ 株)	叶 (g/ 株)	果针 (g/ 株)	荚果 (g/ 株)	收获指数
N2	B1	0.98a	14.84a	12.90ab	1.80bcd	36.27a	0.54a
	B2	0.96a	15.14a	13.17a	1.57bcde	34.08ab	0.53a
	B3	1.06a	15.09a	13.02ab	2.05b	31.10bc	0.50ab
	B4	1.00a	14.36a	12.42abc	2.83a	27.00de	0.47bc

注：同一列数据后不同小写字母表示在 0.05 水平上差异显著。

表 2-5、表 2-6 表明，施氮显著影响成熟期花生茎、叶和荚果干物质积累量及其分配，播期显著影响荚果干物质积累及其分配。随施氮量增加，两个品种花生的茎、叶和荚果干物质量显著增加，与 N0 相比，N1 和 N2 处理荚果干物质量分别提高 27.6%～33.7% 和 34.9%～36.7%；N1 和 N2 处理不同器官干物质量无明显差异。HY22 和 JH16 荚果分配比例分别以 N1 和 N2 处理最高，较 N0 处理分别显著提高 8.7%、7.6% 和 6.9%、7.6%。晚播显著降低了花生荚果干物质量，其中 B2、B3 和 B4 3 个播期荚果干物质量相比 B1 播期分别减少 6.3%、14.2%、28.2%（HY22）和 9.8%、19.6%、36.8%（JH16）。由此可见，早播促进花生干物质向荚果转运积累，提高了其分配比例，利于高产。

表 2-5 施氮与播期及其交互作用对 HY22 成熟期各器官干物质分配的影响（济南）

处理		干物质积累量（g/ 株）				干物质分配比例（%）			
		根	茎	叶	荚果	根	茎	叶	荚果
氮水平 （N）	N0	1.0a	13.7c	11.1c	22.8b	2.1a	28.2a	22.9a	46.8b
	N1	1.0a	15.9b	12.5b	30.5a	1.7b	26.5b	20.9b	50.9a
	N2	1.0a	16.5a	13.2a	31.1a	1.6b	26.7b	21.3ab	50.4a

表 2-5（续）

处理		干物质积累量（g/ 株）				干物质分配比例（%）			
		根	茎	叶	荚果	根	茎	叶	荚果
播期 （B）	B1	1.2a	15.5a	12.1a	31.3a	2.0a	25.7c	20.2b	52.1a
	B2	1.0a	15.5a	12.5a	29.4a	1.7b	26.5b	21.5ab	50.3b
	B3	1.0a	15.6a	12.4a	27.4ab	1.7b	27.6ab	22.0ab	48.6c
	B4	0.9a	15.0a	12.0a	24.4b	1.7b	28.7a	22.9a	46.7c
变异 来源	B	ns	ns	ns	**	**	ns	ns	**
	N	ns	**	**	**	ns	**	**	**
	B×N	ns	ns	ns	ns	ns	ns	ns	ns

注：1. 同类处理同一列数据后不同小写字母表示在 0.05 水平上差异显著。

2. ns 表示处理间无显著性差异，** 表示在 0.01 水平上差异显著。

表 2-6　施氮与播期及其交互作用对 JH16 成熟期各器官干物质分配的影响（济南）

处理		干物质积累量（g/ 株）				干物质分配比例（%）			
		根	茎	叶	荚果	根	茎	叶	荚果
氮水平 （N）	N0	1.0a	14.2b	11.2b	23.8d	2.0a	28.2a	22.4a	47.4c
	N1	1.0a	16.1a	12.4a	30.4b	1.7b	26.9a	20.7ab	50.7b
	N2	1.0a	16.9a	12.9a	32.1a	1.6b	26.9b	20.5ab	51.0b
播期 （B）	B1	1.0a	15.8a	12.1a	33.1a	1.6b	25.5c	19.5b	53.4a
	B2	1.0a	15.6a	12.5a	30.1b	1.7b	26.3bc	21.2a	50.8b
	B3	1.0a	16.0a	12.4a	27.7c	1.7b	28.0a	21.8a	48.6c
	B4	1.0a	15.6a	11.6a	24.2d	1.9a	29.7a	22.2a	46.2c
变异 来源	B	ns	ns	ns	**	ns	**	**	**
	N	ns	**	**	**	ns	**	**	**
	B×N	ns	ns	ns	ns	ns	ns	ns	ns

注：1. 同类处理同一列数据后不同小写字母表示在 0.05 水平上差异显著。

2. ns 表示处理间无显著性差异，** 表示在 0.01 水平上差异显著。

长沙地区，HY22 N1处理有利于根、茎、叶和荚果干物质积累，与N0和N2处理均达到差异显著水平；但收获指数N0处理最大，与N1和N2处理达到差异显著水平（表2-7）。JH16 N2处理有利于根、茎和荚果干物质积累，与N0和N1处理均达到差异显著水平；虽然收获指数也在N2处理达到最大，但与N1处理差异不显著（表2-8）。表明高油酸花生JH16较普通花生HY22可能需要更多的氮素。

表2-7　HY22不同器官干物质分配（长沙）

处理	根（g/株）	茎（g/株）	叶（g/株）	荚果（g/株）	收获指数
N0	1.13c	11.32c	10.36c	24.46c	0.52a
N1	2.23a	20.44a	21.45a	41.27a	0.48b
N2	1.39b	16.94b	16.45b	31.61b	0.48b

注：同一列数据后不同小写字母表示在0.05水平上差异显著。

表2-8　JH16不同器官干物质分配（长沙）

处理	根（g/株）	茎（g/株）	叶（g/株）	荚果（g/株）	收获指数
N0	2.11b	13.04c	15.35c	37.74c	0.55b
N1	1.94c	14.98b	17.77a	43.34b	0.56ab
N2	2.31a	18.08a	16.81a	51.89a	0.58a

注：同一列数据后不同小写字母表示在0.05水平上差异显著。

第 3 章

施氮对花生叶片氮代谢生理的影响

第一节
施氮对花生叶片叶绿素含量的影响

较高的叶片叶绿素含量有利于植物更多的进行光合作用，增加养分的吸收，提高植株干物质量。济南地区，施氮对不同生育时期花生叶片 SPAD 影响显著。随施氮量增加，两个品种叶片 SPAD 值升高，JH16 的 SPAD 高于 HY22。花针期不同处理叶片 SPAD 达到峰值，N1、N2 处理 SPAD 较 N0 处理分别显著增加 4.6%、9.1%（JH16）和 4.8%、10.0%（HY22）。施氮延缓了生育期后期叶绿素含量的降低速率，成熟期 N1、N2 处理 SPAD 较 N0 平均提高了 7.0% 和 11.6%（图 3-1）。

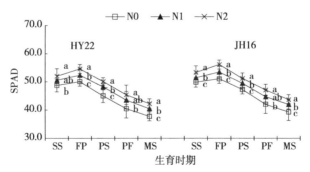

SS—苗期；FP—花针期；PS—结荚期；PF—饱果期；MS—成熟期。

图 3-1　施氮对花生叶片叶绿素含量的影响（济南）
（同一品种同一生育期，柱上不同小写字母表示在 0.05 水平上差异显著）

长沙地区，氮肥对花生苗期叶片叶绿素含量影响较大，其含量与施氮量呈显著正相关。苗期，HY22 随施氮量的增加叶绿素含量逐渐增加，N1 和 N2 处理较 N0 处理分别提高了 30.8% 和 42.9%，JH16 N1 和 N2 处理较 N0 处理分别提高了 11.6% 和 20.1%，均达到显著水平；而其余生育时期不同施氮处理间无显著差异。同一施氮水平不同生育时期，N0 和 N1 处理叶绿素含量均随生育进程呈现先增加后减少的趋势，N2 处理则呈现先降低后增加再降低的趋势，三者均在结荚期达到最大（图 3-2）。

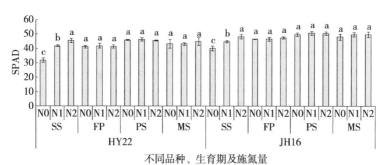

SS—苗期；FP—花针期；PS—结荚期；MS—成熟期。

图 3-2　施氮对花生叶片叶绿素含量的影响（长沙）

（同一品种同一生育期，柱上不同小写字母表示在 0.05 水平上差异显著）

第二节
施氮对花生叶片主要氮代谢酶活性及可溶性蛋白含量的影响

一、施氮对花生叶片谷氨酰胺合成酶（GS）活性的影响

济南地区，HY22 叶片 GS 活性，同一氮水平下、整个生育期

均呈现先升高后降低的趋势；不同播期之间存在一定差异，最大值均出现在结荚期，B1 播期更有利于 GS 活性提高。相同播期，与 N0 处理相比，N1 处理有利于 GS 活性提高，随着施氮量增加至 N2，GS 活性降低（图 3-3）。JH16 叶片 GS 活性整个生育期变化规律与 HY22 一致，所不同的是，B2 播期更有利于 GS 活性提高（图 3-4）。

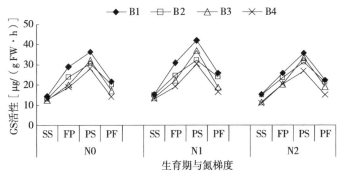

SS—苗期；FP—花针期；PS—结荚期；PF—饱果期。

图 3-3　施氮对不同播期 HY22 叶片 GS 活性的影响（济南）

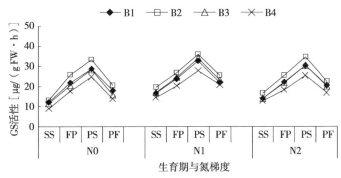

SS—苗期；FP—花针期；PS—结荚期；PF—饱果期。

图 3-4　施氮对不同播期 JH16 叶片 GS 活性的影响（济南）

长沙地区，HY22 和 JH16 叶片 GS 活性随生育时期推进均呈现先升后降的趋势，各处理均在花针期达到最大，HY22 N1 处理较 N0 和 N2 处理分别提高了 16.79%、11.28%，JH16 N1 处理较 N0 和 N2 处理分别提高了 14.31%、10.92%，且不同生育时期两品种叶片 GS 活性均表现为 N1 处理高于 N0 和 N2 处理（图 3-5）。

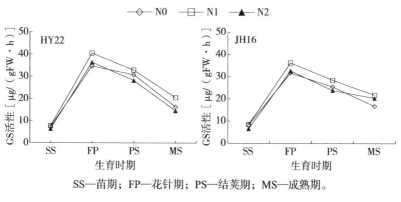

SS—苗期；FP—花针期；PS—结荚期；MS—成熟期。

图 3-5 施氮对花生叶片 GS 活性的影响（长沙）

二、施氮对花生叶片谷氨酸脱氢酶（GDH）活性的影响

济南地区，HY22 和 JH16 叶片 GDH 活性，同一氮水平下，整个生育期均呈现先降后升再降的趋势，不同播期之间存在部分差异，最大值均出现在结荚期，HY22 B1 播期更有利于 GDH 活性提高，而 JH16 B2 播期更有利于 GDH 活性提高；相同播期，与 N0 相比，两个品种均在 N1 条件下有利于 GDH 活性提高，施氮量增至 N2，GDH 活性略有降低，但均高于 N0 处理（图 3-6、图 3-7）。

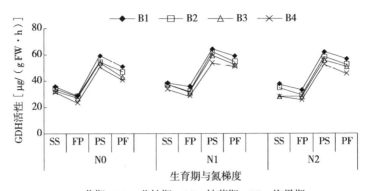

SS—苗期；FP—花针期；PS—结荚期；PF—饱果期。

图3-6　施氮对不同播期 HY22 叶片 GDH 活性的影响（济南）

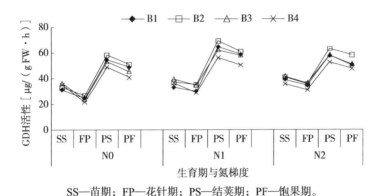

SS—苗期；FP—花针期；PS—结荚期；PF—饱果期。

图3-7　施氮对不同播期 JH16 叶片 GDH 活性的影响（济南）

　　长沙地区，两个品种叶片 GDH 活性随生育时期推进均呈先降后升再降的变化趋势。两品种各处理叶片 GDH 活性均在结荚期最大，HY22 N1 处理较 N0 和 N2 处理分别提高了 17.48%、32.03%，JH16 N1 处理较 N0 和 N2 处理分别提高了 4.09%、19.15%。HY22 N1 处理叶片 GDH 活性全生育期内均高于 N0 和 N2 处理，JH16 N2 处理在苗期、花针期、结荚期叶片 GDH 活性均显著低于其处理，而在成熟期与 N0、N1 处理无显著差异（图 3-8）。

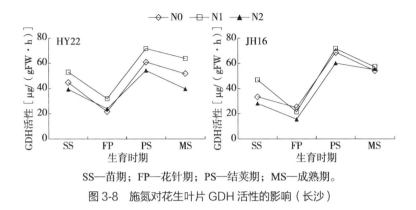

SS—苗期；FP—花针期；PS—结荚期；MS—成熟期。

图 3-8　施氮对花生叶片 GDH 活性的影响（长沙）

三、施氮对花生叶片谷氨酸合成酶（GOGAT）活性的影响

济南地区，HY22 和 JH16 叶片 GOGAT 活性，同一氮水平下，变化规律存在一定差异。HY22 N1 处理 B1 和 B1 播期呈现先升后降趋势，两个品种 N0 处理 B3 和 B4 播期整个生育期呈现下降趋势，其他处理均呈现先降后升再降的趋势；两个品种 N0 处理各播期 GOGAT 活性最大值均出现在苗期，N1 和 N2 处理的最大值则在结荚期。HY22 N1 处理早播（B1、B2）利于提高 GOGAT 活性，JH16 N1 处理则适当晚播（B2、B3）更利于提高 GOGAT 活性（图 3-9、图 3-10）。

长沙地区，HY22 叶片 GOGAT 活性随生育时期的推进呈先降后升再降的变化趋势，苗期叶片 GOGAT 活性表现为 N0＞N2＞N1，花针期、结荚期、成熟期均表现为 N1＞N0＞N2；JH16 N0 处理叶片 GOGAT 活性随着生育时期推进一直下降，N1、N2 处理则表现为先降后升再降的趋势（图 3-11）。

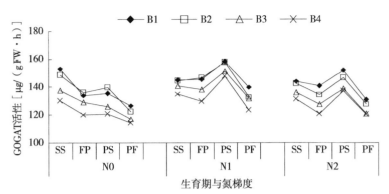

SS—苗期；FP—花针期；PS—结荚期；PF—饱果期。

图 3-9　施氮对不同播期 HY22 叶片 GOGAT 活性的影响（济南）

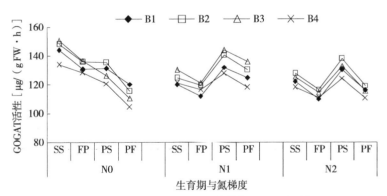

SS—苗期；FP—花针期；PS—结荚期；PF—饱果期。

图 3-10　施氮对不同播期 JH16 叶片 GOGAT 活性的影响（济南）

四、施氮对花生叶片可溶性蛋白含量的影响

济南地区，同一施氮水平下，结荚期 HY22 叶片可溶性蛋白含量随着播期的延迟均呈现下降趋势，在 B1 播期下最大；JH16叶片可溶性蛋白含量则呈现先升后降的趋势，在 B2 播期下最大。

同一播期，两个品种叶片可溶性蛋白含量表现为 N1>N0>N2。早播与施氮有利于 HY22 叶片可溶性蛋白含量提高，适当播期播种与施氮有利于高油酸花生 JH16 叶片可溶性蛋白含量提高（图 3-12）。

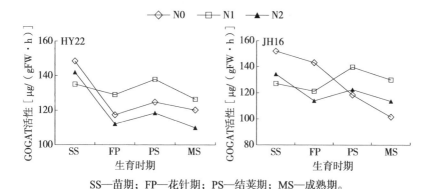

SS—苗期；FP—花针期；PS—结荚期；MS—成熟期。

图 3-11 施氮对花生叶片 GOGAT 活性的影响（长沙）

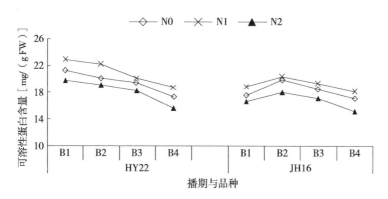

图 3-12 施氮对结荚期花生叶片可溶性蛋白含量的影响（济南）

长沙地区，两个品种叶片可溶性蛋白含量均随着生育时期的推进呈现先降后升的趋势，且各个时期 N2 处理可溶性蛋白含量均低于 N0、N1 处理，成熟期含量最高（图 3-13）。

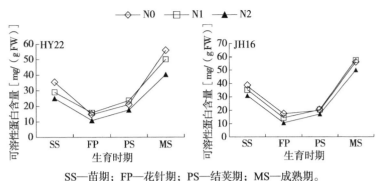

SS—苗期；FP—花针期；PS—结荚期；MS—成熟期。

图 3-13　施氮对花生叶片可溶性蛋白含量的影响（长沙）

第三节
施氮对花生结瘤基因表达的影响

结荚期 HY22 根系结瘤基因的相对表达量随施氮量的增加先增加后减少，在 N1 水平下相对表达量最高；JH16 结瘤基因的相对表达量随施氮量的增加不断增加，在 N2 水平下相对表达量显著提高。表明施氮会提高花生结瘤基因相对表达量，施氮量过高会抑制 HY22 结瘤基因表达，但有利于 JH16 结瘤基因表达（图 3-14）。

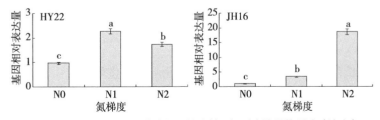

图 3-14　施氮对结荚期花生根系结瘤基因相对表达量的影响（济南）
（不同小写字母表示处理间在 0.05 水平上差异显著）

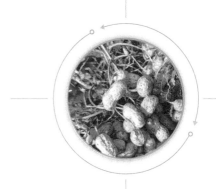

第 *4* 章

施氮对花生植株主要营养元素积累及分配的影响

第一节
施氮对 JH16 各生育时期主要营养元素积累的影响

一、施氮对 JH16 苗期主要营养元素积累的影响

苗期 JH16 全株的全氮、全钾和全钙积累量随着施氮量的增加而显著提高。根、茎和叶全氮积累量 N1、N2 处理较 N0 处理分别显著提高 42.66%、56.08%，65.64%、118.99% 和 69.51%、157.82%；全钾积累量 N1、N2 处理较 N0 处理分别显著提高 36.00%、38.47%，51.75%、71.52% 和 62.54%、122.49%；全钙积累量 N1、N2 处理较 N0 处理分别显著提高 44.23%、59.85%，44.66%、67.87% 和 42.57%、67.11%。全磷积累量在各器官中无显著差异（图 4-1）。

二、施氮对 JH16 花针期主要营养元素积累的影响

花针期 JH16 全株的全氮、全磷、全钾和全钙积累量 N1、N2 处理较 N0 处理均有不同程度的提高。氮积累总量 N1 处理较 N0 处理显著提高了 20.07%，N2 处理与 N0 处理差异不显著；磷积累总量 N1、N2 处理较 N0 处理分别提高了 17.25%、12.24%，但处理间差异不显著；钾积累总量 N1、N2 处理较 N0 处理分别显著提高了 28.66%、29.36%，钙积累总量 N1、N2 处理较 N0 处理分别显著提高了 17.93%、24.93%（图 4-2）。

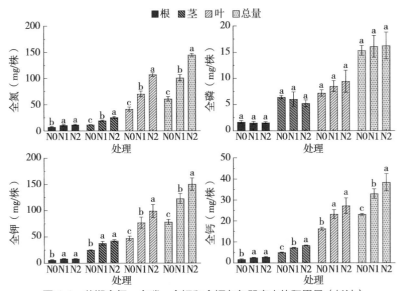

图 4-1　苗期全氮、全磷、全钾和全钙在各器官中的积累量（长沙）

（同一器官柱上不同小写字母表示在 0.05 水平上差异显著）

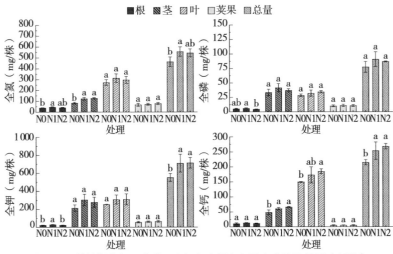

图 4-2　花针期全氮、全磷、全钾和全钙在各器官中的积累量（长沙）

（同一器官柱上不同小写字母表示在 0.05 水平上差异显著）

三、施氮对 JH16 结荚期主要营养元素积累的影响

结荚期 JH16 全氮积累量在花生茎、叶和全株积累总量 N2 处理较 N0、N1 处理分别显著提高了 44.29%、25.34%，53.52%、33.43% 和 60.54%、34.01%。全磷积累量在荚果和全株中 N2 处理较 N0、N1 处理分别显著提高了 46.01%、43.40% 和 38.33%、37.31%。全株钾积累总量 N2 处理较 N0、N1 处理分别显著提高了 41.57%、40.28%。全钙积累量在茎、叶和全株中 N2 处理较 N0、N1 处理分别显著提高了 67.73%、47.07%，44.73%、63.47% 和 52.15%、56.79%（图 4-3）。

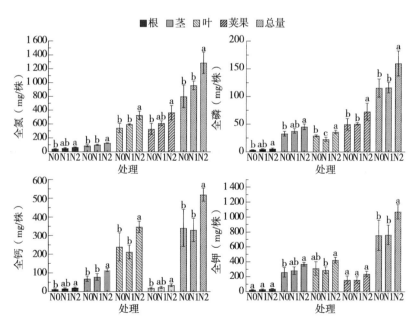

图 4-3　结荚期全氮、全磷、全钾和全钙在各器官中的积累量（长沙）

（同一器官柱上不同小写字母表示在 0.05 水平上差异显著）

四、施氮对 JH16 成熟期主要营养元素积累的影响

成熟期 JH16 全氮积累量在花生籽仁和全株中 N2 处理较 N0、N1 处理分别显著提高了 48.89%、22.46% 和 34.70%、20.45%；而全磷积累量在各器官中无显著差异，全钾积累量除果壳外无显著差异；全钙积累量在叶、果壳和全株中 N2 处理较 N0 处理分别显著提高了 27.93%、36.97% 和 29.72%（图 4-4）。

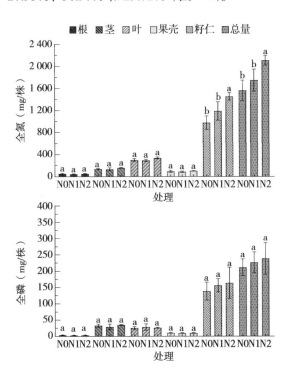

图 4-4 成熟期全氮、全磷、全钾和全钙在各器官中的积累量（长沙）
（同一器官柱上不同小写字母表示在 0.05 水平上差异显著）

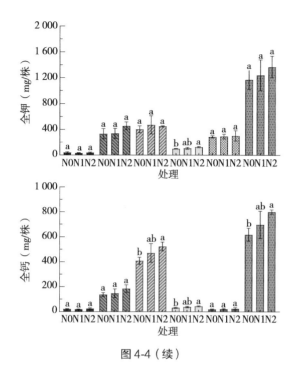

图4-4（续）

第二节
施氮对不同播期花生成熟期植株氮素积累及分配的影响

一、施氮对不同播期花生植株各器官氮含量的影响

施氮对花生植株各器官氮含量影响显著，且两个品种不同器官氮含量随施氮量的增加表现出相同的趋势，但总体上 JH16 各器

官氮含量高于HY22。HY22 N1和N2处理较N0分别显著提高了茎、叶和荚果氮素含量：27.3%和30.6%、10.1%和13.1%、19.1%和23.1%，JH16茎、叶、荚果氮含量分别提高了13.3%～18.3%、10.4%～14.2%和13.5%～14.4%（图4-5）。

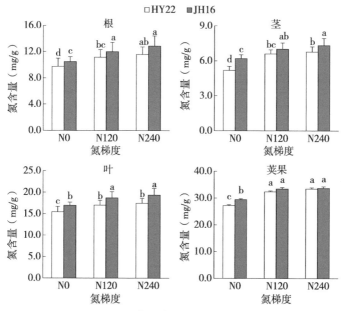

图4-5　不同氮梯度下花生各器官氮含量

（不同小写字母表示在0.05水平上差异显著）

播期对花生植株各器官氮含量产生影响。茎的氮含量随播期推迟逐渐降低，B1播期较其B2、B3、B4播期分别显著提高9.2%、8.3%、10.3%（HY22）和15.9%、20.8%、21.4%（JH16）。叶和荚果氮含量以B1播期最高，B3播期氮含量最低，其中B1播期下HY22叶和荚果氮含量较B3播期分别显著增加16.0%和10.5%，JH16分别显著提高20.2%和10.2%（图4-6）。

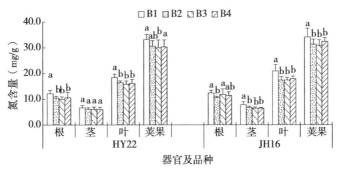

图 4-6　不同播期处理下花生各器官氮含量

（同一器官柱上不同小写字母表示在 0.05 水平上差异显著）

二、施氮对不同播期花生植株氮素吸收与分配的影响

播期和施氮量均极显著影响成熟期 HY22 各器官氮素积累量和分配比例，二者交互影响根系氮素积累与分配。适当早播和施氮有利于促进花生对氮素的吸收，提高花生的氮素积累量。不同器官中氮素积累量和分配比例表现为荚果＞叶＞茎＞根。同一播期条件下，随施氮量的增加，茎、叶、荚果及植株氮素积累量增加，其中 N2B1 处理植株氮素积累量最大，为 405 kg/hm²。B1、B2、B3 和 B4 播期下 N1 和 N2 处理的茎、叶、荚果氮素积累量较 N0 分别显著提高 45.4%、23.7%、58.5% 和 55.9%、33.7%、68.8%。随着播期的推迟，植株氮素积累量逐渐降低。B1 处理植株氮素积累量分别比 B2、B3、B4 处理显著提高 15.4%、22.9%、32.1%。

根、茎、叶的氮素分配比例随施氮量的增加呈降低的趋势，荚果的氮素分配比例则是随施氮量的增加呈显著升高的趋势；当施氮量为 240 kg/hm² 时，荚果氮素分配比例略低于 N1 处理。随着播期的推迟，茎和叶的氮素分配比例逐渐升高，荚果中氮素分配比例逐渐降低（表 4-1）。

表4-1　施氮对不同播期HY22各器官氮素积累与分配的影响（济南）

处理		氮积累量（kg/hm²）					氮分配比例（%）			
		根	茎	叶	荚果	植株	根	茎	叶	荚果
N0	B1	3.8a	21.7c	48.9e	184.9e	259.3f	1.5a	8.4d	18.8ab	71.3de
	B2	2.7cde	20.5cd	42.2f	157.4f	222.9g	1.2b	9.2bc	19.0ab	70.6def
	B3	2.1f	20.1cd	41.2fg	144.8fg	208.2gh	1.0cd	9.7ab	19.8a	69.5ef
	B4	1.7g	19.0d	39.2g	132.7g	192.6h	0.9de	9.9a	20.4a	68.9f
N1	B1	4.1a	31.7ab	56.5bc	296.7a	389.0a	1.1bc	8.1d	14.5f	76.3a
	B2	2.6de	28.9b	54.0cd	247.0c	332.5cd	0.8ef	8.7cd	16.2de	74.3bc
	B3	2.4e	28.6b	50.1e	231.8c	312.9d	0.8ef	9.1bc	16.0de	74.1bc
	B4	2.5e	28.7b	51.7de	207.0d	289.9e	0.9de	9.9a	17.8bc	71.4de
N2	B1	3.2b	35.5a	61.8a	304.5a	405.0a	0.8ef	8.8cd	15.3ef	75.2ab
	B2	2.5e	30.5ab	57.9b	267.0c	357.9b	0.7f	8.5d	16.2de	74.6ab
	B3	2.8c	30.8ab	55.6bc	246.8c	336.0c	0.8def	9.2bc	16.5cde	73.5bc
	B4	2.8ce	29.9b	54.3cd	228.3c	315.3d	0.9de	9.5ab	17.2cd	72.4cd
播期（B）平均	B1	3.7a	29.6a	55.7a	262.0a	351.1a	1.1a	8.4d	16.2c	74.3a
	B2	2.6b	26.6b	51.4b	223.8b	304.4b	0.9b	8.8c	17.1b	73.2b
	B3	2.4bc	26.5b	49.0c	207.8c	285.7c	0.9b	9.3b	17.4b	72.4b
	B4	2.3c	25.9b	48.4c	189.3d	265.9d	0.9b	9.7a	18.5a	70.9c
氮处理（N）平均	N0	2.6b	20.3c	42.9c	155.0b	220.7c	1.1a	9.3a	19.5a	70.1b
	N1	2.9a	29.5b	53.1b	245.6a	331.1b	0.9b	9.0b	16.1b	74.0a
	N2	2.8a	31.6a	57.4a	261.6a	353.5a	0.8b	9.0b	16.3b	73.9a
变异来源	B	**	**	**	**	**	**	**	**	**
	N	**	**	**	**	**	**	**	**	**
	B×N	**	ns	ns	ns	ns	**	ns	ns	ns

注：1.同类处理同一列数据后不同小写字母表示在0.05水平上差异显著。

　　2.ns表示处理间无显著性差异，** 表示在0.01水平上差异显著。

随施氮量增加，JH16 植株各器官氮素积累量均显著升高。相比 N0，N1 和 N2 条件下茎、叶、荚果氮素积累量分别显著增加 29.3%、22.3%、47.0% 和 37.3%、31.9%、57.9%。根、茎、叶的氮素分配比例随施氮量的增加逐渐降低，荚果中氮素分配比例随施氮量的增加而升高。各器官氮素积累量和植株氮素积累量均在 B1 播期下最大，相比 B2、B3、B4 处理分别提高 18.5%、27.5%、35.3%。随播期推迟，花生茎、叶和荚果的氮素积累量逐渐降低，进而降低了花生植株对氮素的吸收和积累量，同时播期推迟后荚果氮素分配比例降低。荚果氮素积累量以 N2B1 处理最高，为 328.3 kg/hm^2；而荚果氮素分配比例则以 N1B1 处理最高，为 75.0%。播期、施氮及其交互作用显著影响花生根、茎、叶氮素积累量及根系氮素分配比例（表 4-2）。

表 4-2　施氮对不同播期 JH16 各器官氮素积累与分配的影响（济南）

处理		氮素积累量（kg/hm^2）					氮素分配比例（%）			
		根	茎	叶	荚果	植株	根	茎	叶	荚果
N0	B1	3.0bcd	27.0f	52.1f	198.5ef	280.6ef	1.1ab	9.6bcd	18.6abc	70.7cde
	B2	2.8de	23.4g	46.6g	179.2fg	252.0fg	1.1a	9.3bcd	18.5abc	71.1cd
	B3	2.1g	23.6g	47.3g	163.6g	236.6g	0.9cd	10.0ab	20.0a	69.1de
	B4	2.5f	23.8g	43.9g	152.4g	222.6g	1.1a	10.7a	19.7ab	68.5e
N1	B1	3.1bcd	37.0b	67.0b	320.6a	427.7a	0.7de	8.7de	15.6f	75.0a
	B2	2.7ef	30.3de	55.2ef	258.0bc	346.2bc	0.8de	8.8de	15.9ef	74.5ab
	B3	3.2bc	29.6de	55.6def	228.7cde	317.1cd	1.0ab	9.3bcd	17.5bcd	72.2bc
	B4	2.9cde	29.3e	54.5ef	212.4de	299.1de	1.0abc	9.8abc	18.2bc	71.0cd
N2	B1	3.2b	38.7a	72.0a	328.3a	442.3a	0.7de	8.7de	16.3def	74.3ab
	B2	2.6ef	32.3c	61.7c	276.4b	373.0b	0.7de	8.7de	16.5def	74.1ab

表 4-2（续）

处理		氮素积累量（kg/hm²）					氮素分配比例（%）			
		根	茎	叶	荚果	植株	根	茎	叶	荚果
N2	B3	4.0a	31.9cd	58.9cd	253.9bc	348.7bc	1.1a	9.2bcd	16.9cdef	72.8abc
	B4	3.1bc	30.9d	58.0de	236.8cd	328.8cd	1.0bc	9.4bcd	17.6cd	72.0bc
播期（B）平均	B1	3.1a	34.2a	63.7a	282.5a	383.5a	0.8b	9.0b	16.8b	73.3a
	B2	2.7b	28.6b	54.5b	237.9b	323.7b	0.9b	8.9b	17.0b	73.2a
	B3	3.1a	28.4b	53.9bc	215.4c	300.8c	1.0a	9.5ab	18.1a	71.4b
	B4	2.8b	28.1b	52.1c	200.5c	283.5c	1.0a	10.0a	18.5a	70.5b
氮处理（N）平均	N0	2.6c	24.4c	47.5c	173.4c	247.9c	1.0a	9.9a	19.2a	69.9b
	N1	3.0b	31.5b	58.1b	254.9b	347.5b	0.9b	9.1b	16.8b	73.1a
	N2	3.2a	33.5a	62.6a	273.9a	373.2a	0.9b	9.1b	16.8b	73.2a
变异来源	B	**	**	**	**	**	**	**	**	**
	N	**	**	**	**	**	**	**	**	**
	B×N	**	**	*	ns	ns	**	ns	ns	ns

注：1. 同类处理同一列数据后不同小写字母表示在 0.05 水平上差异显著。

2. ns 表示处理间无显著性差异，* 和 ** 分别表示在 0.05 和 0.01 水平上差异显著。

三、施氮对不同播期花生氮肥利用效率的影响

播期和施氮量显著影响两个品种氮肥农学效率和氮肥偏生产力。N1 处理氮肥农学效率显著高于 N2 处理，其中 N1B1、N1B2处理最高，均为 8.2 kg/kg。氮肥农学效率随播期的推迟呈降低的趋势，HY22 在 B1 播期氮肥农学效率最高，较 B2、B3、B4 播期显著提高 3.8%、10.2%、38.5%；JH16 氮肥农学效率在 B2 播期下最高，较 B1、B3、B4 播期显著提高 5.0%、12.5%、46.5%。

HY22 和 JH16 氮肥偏生产力以 N1B1 处理最高，分别为51.2 kg/kg 和 54.2 kg/kg。两个品种的氮肥偏生产力随播期推迟显

著降低，HY22 和 JH16 均在 B1 播期条件下最高，分别较 B2、B3、B4 播期显著提高 5.3%、12.5%、31.4% 和 6.8%、19.6%、45.7%。播期和施氮的交互作用对氮肥偏生产力影响显著。上述结果说明，播期在 4 月 30 日至 5 月 10 日，且施氮量为 120 kg/hm² 时，花生氮肥偏生产力、氮肥农学效率均较高（表 4-3）。

表 4-3　施氮对不同播期花生氮肥利用效率的影响（kg/kg）（济南）

处理		HY22		JH16	
		氮肥农学效率	氮肥偏生产力	氮肥农学效率	氮肥偏生产力
N1	B1	8.2a	51.2a	7.8a	54.2a
	B2	8.0a	48.8b	8.2a	50.7b
	B3	7.5a	45.7c	7.3a	45.3c
	B4	5.7b	38.9d	5.0b	36.6d
N2	B1	2.7c	24.2e	4.2b	27.3e
	B2	2.4c	22.8e	4.4b	25.7e
	B3	2.3c	21.4f	3.9b	22.9f
	B4	2.0c	18.6g	3.6b	19.4g
氮处理（N）平均	N1	7.3a	46.1a	7.1a	46.7a
	N2	2.3b	21.7b	4.0b	23.8b
播期（B）平均	B1	5.4a	37.7a	6.0a	40.8a
	B2	5.2a	35.8b	6.3a	38.2b
	B3	4.9a	33.5c	5.6ab	34.1c
	B4	3.9b	28.7d	4.3b	28.0d
变异来源	N	**	**	*	**
	B	*	**	**	**
	N×B	ns	**	ns	**

注：1. 同类处理同一列数据后不同小写字母表示在 0.05 水平上差异显著。
　　2. ns 表示处理间无显著性差异，* 和 ** 分别表示在 0.05 和 0.01 水平上差异显著。

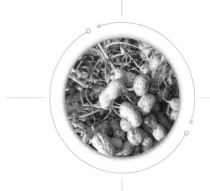

第 5 章

施氮对土壤无机氮
含量的影响

第一节
施氮对土壤硝态氮含量的影响

一、施氮对不同播期花生田 0～20 cm 土壤硝态氮含量的
影响

不同施氮量和播期对两个花生品种 0～20 cm 土层中硝态氮含量均有显著的影响，整体上是随着施氮量的增加，土层中硝态氮含量不断增加；随着播期的推迟，土层中硝态氮含量不断增加；同一施氮水平同一播期，随着花生生育期的推进，土层中硝态氮含量不断降低。

HY22 在 N0 水平下，花针期 B3 和 B4 处理之间无显著性差异，但均显著高于 B1 和 B2 处理；其余生育期内，播期对 0～20 cm 土层中硝态氮含量无显著性影响。在 N1 水平下，花针期和结荚期 B4 处理显著高于其他播期处理；饱果期 B3 和 B4 处理显著高于其他播期处理；成熟期 B4 处理较 B1 和 B2 处理分别高出 29.31% 和 33.93%。在 N2 水平下，花针期 B3 和 B4 处理显著高于 B1 和 B2 处理；结荚期、饱果期和成熟期均是 B4 处理显著高于其他播期处理，其中结荚期 B4 处理分别比 B1、B2 和 B3 处理高出 41.68%、29.67% 和 20.72%（图 5-1）。

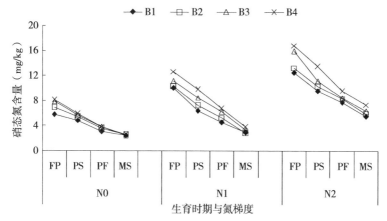

FP—花针期；PS—结荚期；PF—饱果期；MS—成熟期。

图 5-1　施氮对不同播期 HY22 田间 0～20 cm 土壤硝态氮含量的影响（济南）

JH16 在 N0 水平下，花针期 B3 和 B4 处理之间无显著性差异，B4 处理显著高于 B1 和 B2 处理；其余生育期内，播期对 0～20 cm 土层中硝态氮含量无显著性影响。在 N1 水平下，花针期和结荚期 B3 和 B4 处理显著高于 B1 和 B2 处理；饱果期 B4 处理均显著高于 B1、B2 和 B3 处理；成熟期 B4 处理较 B1 和 B2 处理分别显著提高 65.65% 和 64.0%。N2 水平下，花针期和结荚期 B4 处理显著高于其他播期处理；而饱果期和成熟期 B3 和 B4 处理均显著高于其他播期处理，其中成熟期 B3 处理分别比 B1 和 B2 处理高出 30.63% 和 26.09%，B4 处理分别比 B1 和 B2 处理高出 43.21% 和 38.23%（图 5-2）。

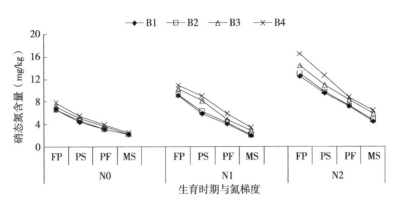

FP—花针期；PS—结荚期；PF—饱果期；MS—成熟期。

图 5-2　施氮对不同播期 JH16 田间 0~20 cm 土壤硝态氮含量的影响（济南）

二、施氮对不同播期花生田 20~40 cm 土壤硝态氮含量的影响

不同施氮量和播期对两个花生品种 20~40 cm 土层中硝态氮含量均有显著的影响，变化规律与 0~20 cm 土壤硝态氮含量一致。

HY22 在 N0 水平下，结荚期 B4 处理土壤硝态氮含量显著高于 B1 和 B2 处理，分别高出 48.15% 和 31.15%。其余生育期内，播期对 20~40 cm 土层中硝态氮含量无显著影响。N1 和 N2 水平下，在不同生育期内，硝态氮含量均是 B3 和 B4 处理显著高于 B1 和 B2 处理（图 5-3）。

JH16 在 N0 水平下，花针期 B4 播期土壤硝态氮含量显著高于 B1 和 B2 处理，分别高出 49.38% 和 20.66%；结荚期和饱果期 B4 处理显著高于 B1 处理，分别高出 45.62% 和 64.81%；成熟期播期对硝态氮含量无显著性的影响。在 N1 水平下，花针期 B3 和 B4 处理显著高于 B1 和 B2 处理，结荚期 B4 处理显著高于 B1 和 B2

处理，饱果期 B4 处理较 B1 处理显著高出 30.75%；成熟期 B3 和 B4 处理显著高于 B1 处理，分别高出 45.1% 和 47.55%。在 N2 水平下，除成熟期播期对硝态氮含量无显著性影响外，其余生育期内，B3 和 B4 处理显著高于 B1 和 B2 处理（图 5-4）。

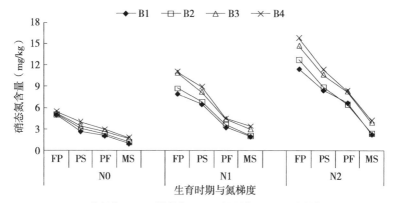

FP—花针期；PS—结荚期；PF—饱果期；MS—成熟期。

图 5-3 施氮对不同播期 HY22 田间 20～40 cm 土壤硝态氮含量的影响（济南）

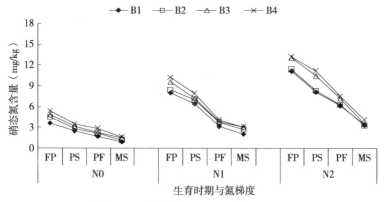

FP—花针期；PS—结荚期；PF—饱果期；MS—成熟期。

图 5-4 施氮对不同播期 JH16 田间 20～40 cm 土壤硝态氮含量的影响（济南）

三、施氮对不同播期花生田 40～60 cm 土壤硝态氮含量的影响

不同施氮量和播期对两个花生品种 40～60 cm 土层中硝态氮含量均有显著的影响，整体上是随着施氮量的增加，土层中硝态氮含量不断增加，随播期的推迟不断增加。但同一氮水平，不同生育期 40～60 cm 土层中硝态氮含量与 0～20 cm 和 20～40 cm 土层中硝态氮含量变化规律明显不同。

HY22 在 N0 水平下，花针期、饱果期和成熟期 B3 和 B4 处理土壤硝态氮含量均显著高于 B1 和 B2 处理，结荚期 B4 处理显著高于 B1 和 B2 处理。在 N1 水平下，花针期 B4 处理显著高于 B1 和 B2 处理，结荚期 B3 和 B4 处理显著高于 B1 和 B2 处理，饱果期和成熟期 B4 处理显著高于 B1 处理。在 N2 水平下，开花下针期播期对 40～60 cm 土层中硝态氮含量无显著性影响，结荚期 B3 和 B4 处理显著高于 B1 和 B2 处理，饱果期和成熟期 B4 处理显著高于 B1 和 B2 处理（图 5-5）。

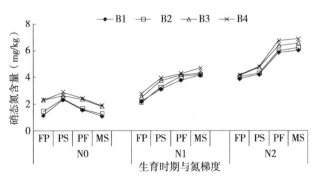

FP—花针期；PS—结荚期；PF—饱果期；MS—成熟期。

图 5-5　施氮对不同播期 HY22 田间 40～60 cm 土壤硝态氮含量的影响（济南）

JH16 在 N0 水平下，花针期、结荚期和饱果期均是 B3 和 B4

处理显著高于 B1 和 B2 处理，成熟期 B4 处理显著高于 B1 和 B2 处理。在 N1 水平下，花针期和饱果期 B4 处理均显著高于 B1 处理，分别高出 19.71% 和 35.46%；结荚期和饱果期 B4 处理均显著高于 B1 和 B2 处理，提高幅度为 14.0%～27.2%。在 N2 水平下，花针期和饱果期 B4 处理均显著高于 B1 和 B2 播期处理，提高幅度为 10.74%～23.53%；结荚期 B4 显著高于其他播期处理，提高幅度为 16.4%～31.15%；成熟期 B4 处理显著高于 B1 处理（图 5-6）。

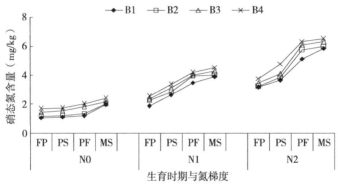

FP—花针期；PS—结荚期；PF—饱果期；MS—成熟期。

图 5-6　施氮对不同播期 JH16 田间 40～60 cm 土壤硝态氮含量的影响（济南）

第二节
施氮对土壤铵态氮含量的影响

一、施氮对不同播期花生田 0～20 cm 土壤铵态氮含量的影响

同一播期，不同施氮量对两个花生品种 0～20 cm 土层中铵

态氮含量无显著性影响；同一氮水平下，播期对土壤铵态氮含量有显著性影响，整体上是随着播期的推迟，土壤铵态氮含量不断增加。

不同氮肥梯度下，在花针期、结荚期和成熟期播期对 HY22 0～20 cm 土层中铵态氮含量无显著性影响，饱果期 B3 和 B4 处理显著高于 B1 和 B2 处理。其中，B4 处理在 N0、N1、N2 水平下分别比 B1 和 B2 高出 30.08% 和 18.7%、31.66% 和 20.98%、20.00% 和 18.73%（图 5-7）。

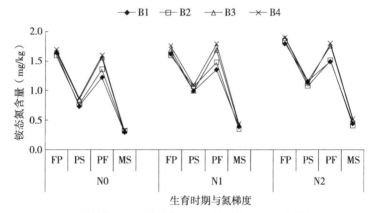

FP—花针期；PS—结荚期；PF—饱果期；MS—成熟期。

图 5-7　施氮对不同播期 HY22 田间 0～20 cm 土壤铵态氮含量的影响（济南）

不同氮肥梯度下，除饱果期外，其余生育期内播期对 JH16 0～20 cm 土层中铵态氮含量无显著性影响。N0 和 N1 水平下，饱果期 B4 处理显著高于其他播期处理，N0 水平下 B4 处理分别比 B1、B2、B3 处理高出 24.44%、15.86%、8.39%，N1 水平下 B4 处理分别比 B1、B2、B3 处理高出 20.69%、16.67%、9.37%。N2 水平下，饱果期 B3 和 B4 处理显著高于 B1 和 B2 处理（图 5-8）。

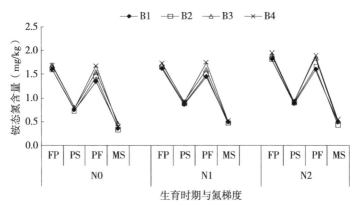

FP—花针期；PS—结荚期；PF—饱果期；MS—成熟期。

图 5-8 施氮对不同播期 JH16 田间 0～20 cm 土壤铵态氮含量的影响（济南）

二、施氮对不同播期花生田 20～40 cm 土壤铵态氮含量的影响

不同施氮量和播期对两个花生品种 20～40 cm 土层中铵态氮含量的影响规律与对 0～20 cm 土层的影响一致。

HY22 在不同氮梯度下，结荚期和成熟期播期对 20～40 cm 土层中铵态氮含量无显著性影响，花针期和饱果期 B3 和 B4 处理显著高于 B1 和 B2 处理。其中，饱果期 B4 处理在 N0 水平下分别比 B1 和 B2 处理高出 28.89% 和 21.8%，N1 水平下分别比 B1 和 B2 处理高出 32.43% 和 26.72%，N2 水平下分别比 B1 和 B2 高出 29.01% 和 22.46%（图 5-9）。

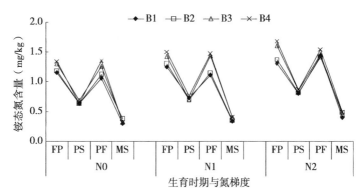

FP—花针期；PS—结荚期；PF—饱果期；MS—成熟期。

图 5-9　施氮对不同播期 HY22 田间 20～40 cm 土壤铵态氮含量的影响（济南）

不同氮肥梯度下，除饱果期外，其余生育期内播期对 JH16 20～40 cm 土层中土壤铵态氮含量无显著性影响。饱果期 B4 处理，N0 水平下分别比 B1、B2、B3 处理显著高出 26.04%、20.75%、11.3%；N1 水平下分别比 B1、B2、B3 显著高出 33.78%、21.31%、9.63%。N2 水平下，B3 和 B4 处理显著高于 B1 和 B2 处理（图 5-10）。

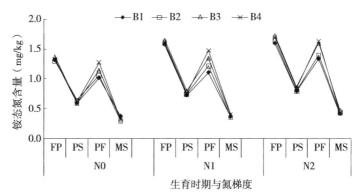

FP—花针期；PS—结荚期；PF—饱果期；MS—成熟期。

图 5-10　施氮对不同播期 JH16 田间 20～40 cm 土壤铵态氮含量的影响（济南）

三、施氮对不同播期花生田 40～60 cm 土壤铵态氮含量的影响

不同施氮量和播期对两个花生品种 40～60 cm 土层中铵态氮含量的影响规律与对 0～20 cm、20～40 cm 土层的影响一致。

不同氮肥梯度下，HY22 除花针期 B3 和 B4 处理 40～60 cm 土层中土壤铵态氮含量显著高出 B1 和 B2 处理外，其余生育期无显著性影响；其中，B4 处理比 B1 和 B2 处理在 N0 水平下分别高出 22.86%、19.44%，在 N1 水平下分别高出 23.08%、15.2%，在 N2 水平下分别高出 22.83%、20%。但 B3 和 B4 处理间差异不显著（图 5-11）。

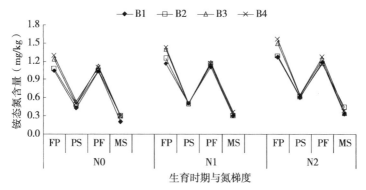

FP—花针期；PS—结荚期；PF—饱果期；MS—成熟期。

图 5-11　施氮对不同播期 HY22 田间 40～60 cm 土壤铵态氮含量的影响（济南）

JH16 在 N0 水平下，饱果期 B3 和 B4 显著高于 B1 和 B2，其中 B4 分别比 B1、B2 高出 21.9% 和 28%，但与 B3 差异不显著；其余生育期内播期对 40～60 cm 土层中铵态氮含量无显著性影响。在 N1 水平下，花针期 B4 处理分别比 B1、B2、B3 处理显著高出

20.14%、18.27%、8.98%；饱果期 B3 和 B4 处理显著高出 B1 和 B2 处理，其中，B4 处理分别比 B1、B2、B3 处理高出 22.22%、16.81%、5.6%，其余生育期内播期对 40～60 cm 土层中铵态氮含量无显著性影响。在 N2 水平下，结荚期和成熟期播期对 40～60 cm 土层中土壤铵态氮含量无显著性影响；花针期和饱果期 B3 和 B4 处理显著高于 B1 和 B2 处理，花针期 B4 处理分别比 B1、B2、B3 处理高出 25.38%、22.56%、5.16%，饱果期 B4 处理分别比 B1、B2、B3 处理高出 22.12%、20%、6.15%（图 5-12）。

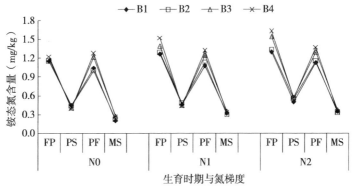

FP—花针期；PS—结荚期；PF—饱果期；MS—成熟期。

图 5-12　施氮对不同播期 JH16 田间 40～60 cm 土壤铵态氮含量的影响（济南）

第 6 章

施氮对土壤微生物多样性的影响

不同生态区花生氮素利用特征研究

第一节
施氮对土壤细菌多样性的影响

一、施氮对 HY22 田间 0～20 cm 土壤细菌多样性的影响

（一）施氮对 HY22 B1 播期田间 0～20 cm 土壤细菌多样性的
影响

B1 播期条件下施氮对 HY22 0～20 cm 土壤细菌的群落结构
和多样性有一定的影响。经过抽平后，分析聚类得到细菌 OTU 的
数目，从少到多依次为 N0、N1、N2 处理，分别为 4 208、4 274、
4 481，说明施氮丰富了 B1 播期的土壤细菌的群落结构（图 6-1）。
在门水平对各施氮处理的细菌相对丰度进行检测，结果表明，
B1 播期土壤细菌的优势门为放线菌门（Actinobacteriota）、变
形菌门（Proteobacteria）、酸杆菌门（Acidobacteriota）、绿弯菌
门（Chloroflexi）、芽单胞菌门（Gemmatimonadota）、拟杆菌门
（Bacteroidota）、黏球菌门（Myxococcota）、厚壁菌门（Firmicutes）
和 Methylomirabilota（图 6-2）。对前 6 个细菌优势门进行显著性
分析，发现施氮对土壤细菌优势门的相对丰度没有显著性影响
（表 6-1）。进一步在属水平分析施氮对土壤细菌的影响，发现 B1
播期施氮对细菌多样性无显著性影响（图 6-3）。

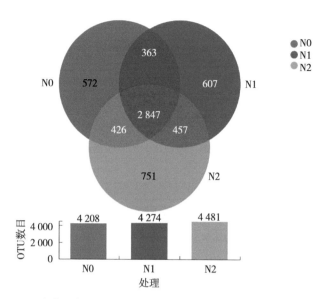

图 6-1 B1 播期下施氮对花生土壤细菌分类操作单元丰度的韦恩图（济南）

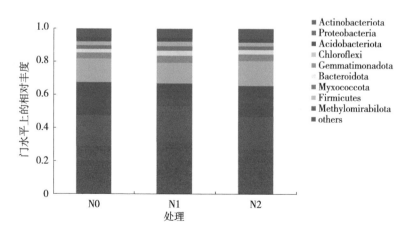

图 6-2 B1 播期下施氮对花生土壤细菌门丰富度的影响（济南）

表 6-1　B1 播期下优势门水平上的相对丰度（济南）

处理	放线菌门	变形菌门	酸杆菌门	绿弯菌门	芽单胞菌门	拟杆菌门
N0	0.290a	0.188a	0.199a	0.141a	0.036a	0.022a
N1	0.315a	0.221a	0.135a	0.123a	0.043a	0.030a
N2	0.270a	0.203a	0.184a	0.148a	0.041a	0.027a

注：同一列数据后不同小写字母表示在 0.05 水平上差异显著。

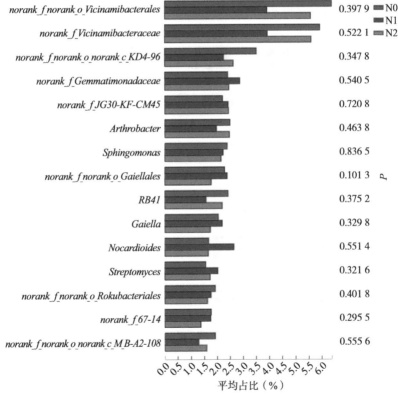

图 6-3　B1 播期下施氮对花生土壤细菌属的影响（济南）
（* 表示 $P \leqslant 0.05$；** 表示 $P \leqslant 0.01$；*** 表示 $P \leqslant 0.001$）

（二）施氮对 HY22 B2 播期田间 0～20 cm 土壤细菌多样性的
影响

B2 播期条件下施氮对 HY22 0～20 cm 土壤细菌的群落结构
和多样性也有一定的影响。其中 OTU 数目从少到多依次为 N0、
N1、N2 处理，分别为 4 309、4 444、4 586，说明施氮丰富了 B2
播期下土壤细菌的群落结构（图 6-4）。在门水平对各施氮处理的
细菌相对丰度进行检测，结果表明，B2 播期下土壤细菌的优势
门与 B1 播期相同（图 6-5）。对放线菌门（Actinobacteriota）、变
形菌门（Proteobacteria）、酸杆菌门（Acidobacteriota）、绿弯菌
门（Chloroflexi）、芽单胞菌门（Gemmatimonadota）、厚壁菌门
（Firmicutes）前 6 个细菌优势门进行显著性分析，发现施高氮显

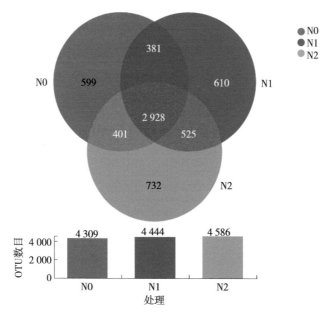

图 6-4　B2 播期下施氮对花生土壤细菌分类操作单元丰度的韦恩图（济南）

著降低了变形菌门的相对丰度，则显著提高了绿弯菌门的相对丰度（表6-2）。进一步在属水平分析施氮对土壤细菌的影响，结果发现，施氮会显著影响芽孢菌属（*Bacillus*）和*Gaiella*，施氮量为240 kg/hm² 时会显著增加土壤中芽孢菌属的相对丰度，施氮量为120 kg/hm² 时则会显著增加*Gaiella*的相对丰度（图6-6）。

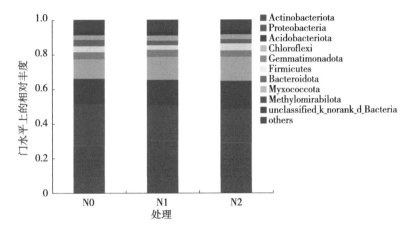

图6-5　B2播期下施氮对花生土壤细菌门丰富度的影响（济南）

表6-2　B2播期下优势门水平上的相对丰度（济南）

处理	放线菌门	变形菌门	酸杆菌门	绿弯菌门	芽单胞菌门	厚壁菌门
N0	0.274a	0.239a	0.146a	0.114b	0.041a	0.034a
N1	0.301a	0.204b	0.147a	0.133ab	0.041a	0.026a
N2	0.290a	0.193b	0.163a	0.139a	0.036a	0.040a

注：同一列数据后不同小写字母表示在0.05水平上差异显著。

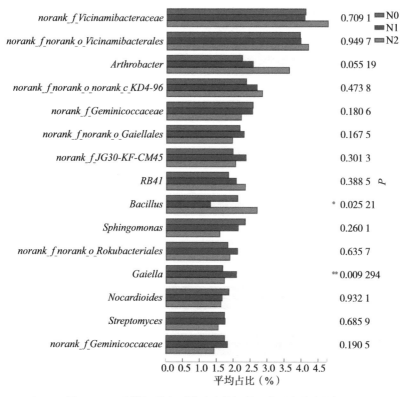

图 6-6　B2 播期下施氮对花生土壤细菌属的影响（济南）

（＊ 表示 $P \leqslant 0.05$；＊＊ 表示 $P \leqslant 0.01$；＊＊＊ 表示 $P \leqslant 0.001$）

（三）施氮对 HY22 B3 播期田间 0～20 cm 土壤细菌多样性的影响

B3 播期条件下施氮对 HY22 0～20 cm 土壤细菌的群落结构和多样性的影响与 B1 和 B2 有一定的差异。其中 OTU 数目从少到多依次为 N0、N1、N2 处理，分别为 4 445、4 725、4 734，说明施氮显著丰富了 B3 播期下土壤细菌的群落结构（图 6-7）。在门水平对各个处理的细菌相对丰度进行检测，结果表明，B3 播期下土壤细菌的优势门较 B1 和 B2 播期多了浮霉菌门（Planctomycetota）（图 6-8）。对放线菌门（Actinobacteriota）、变形菌门（Proteobacteria）、酸杆菌门（Acidobacteriota）、绿弯菌门（Chloroflexi）、芽单胞菌门（Gemmatimonadota）、黏球菌门（Myxococcota）前 6 个土壤细菌优势门进行显著性分析，发现施氮显著降低了放线菌门、变形菌门和黏球菌门的相对丰度，而显著提高了酸杆菌门和绿弯菌门的相对丰度，改变了土壤细菌优势门的相对丰度（表 6-3）。进一步在属水平分析施氮对土壤细菌的影响，发现 B3 播期施氮会显著降低链霉菌属（*Streptomyces*）和 *MND1* 的相对丰度（图 6-9）。

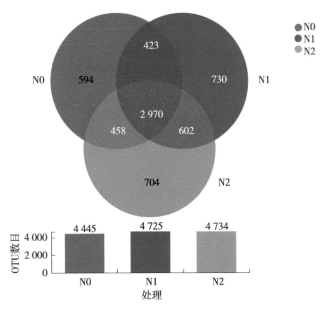

图 6-7　B3 播期下施氮对花生土壤细菌分类操作单元丰度的韦恩图（济南）

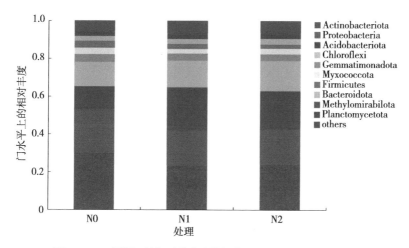

图 6-8　B3 播期下施氮对花生土壤细菌门丰富度的影响（济南）

表 6-3　B3 播期下优势门水平上的相对丰度（济南）

处理	放线菌门	变形菌门	酸杆菌门	绿弯菌门	芽单胞菌门	黏球菌门
N0	0.301a	0.232a	0.118b	0.127b	0.044a	0.033a
N1	0.235b	0.186b	0.226a	0.140ab	0.039a	0.024b
N2	0.242b	0.184b	0.203a	0.159a	0.036a	0.030b

注：同一列数据后不同小写字母表示在 0.05 水平上差异显著。

（四）施氮对 HY22 B4 播期田间 0～20 cm 土壤细菌多样性的影响

B4 播期条件下施氮对 HY22 0～20 cm 土壤细菌的群落结构和多样性也有一定的影响。其中 OTU 数目从少到多依次为 N2、N1、N0 处理，分别为 4 294、4 296、4 504，说明施氮显著降低了 B4 播期下土壤细菌的群落结构的丰度（图 6-10）。在门水平对各个处理的细菌相对丰度进行检测，结果表明 B4 与 B3 播期土壤细菌的优势门种类一致（图 6-11）。对放线菌门（Actinobacteriota）、变形菌门（Proteobacteria）、酸杆菌门（Acidobacteriota）、绿弯菌门（Chloroflexi）、芽单胞菌门（Gemmatimonadota）、厚壁菌门（Firmicutes）前6个土壤细菌优势门进行显著性分析，发现施氮对土壤细菌优势门的相对丰度没有显著性影响（表6-4）。进一步在属水平分析施氮对土壤细菌的影响，发现B4播期施氮对细菌多样性无显著性影响（图6-12）。

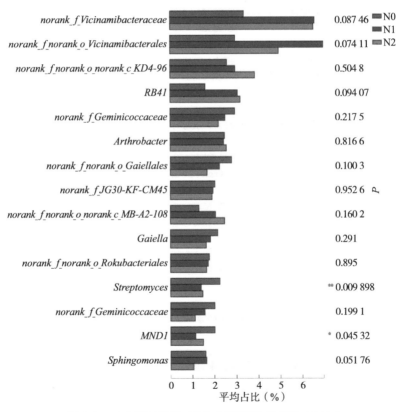

图6-9　B3播期下施氮对花生土壤细菌属的影响（济南）

（* 表示 $P \leqslant 0.05$；** 表示 $P \leqslant 0.01$；*** 表示 $P \leqslant 0.001$）

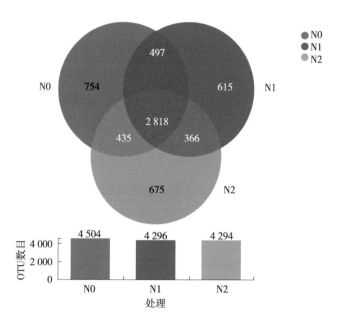

图 6-10　B4 播期下施氮对花生土壤细菌分类操作单元丰度的韦恩图（济南）

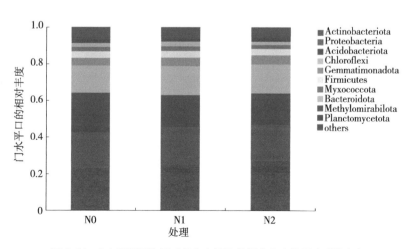

图 6-11　B4 播期下施氮对花生土壤细菌门丰富度的影响（济南）

表 6-4　B4 播期下优势门水平上的相对丰度（济南）

处理	放线菌门	变形菌门	酸杆菌门	绿弯菌门	芽单胞菌门	厚壁菌门
N0	0.236a	0.193a	0.213a	0.147a	0.043a	0.036a
N1	0.254a	0.205a	0.172a	0.157a	0.047a	0.036a
N2	0.276a	0.197a	0.167a	0.158a	0.050a	0.034a

注：同一列数据后不同小写字母表示在 0.05 水平上差异显著。

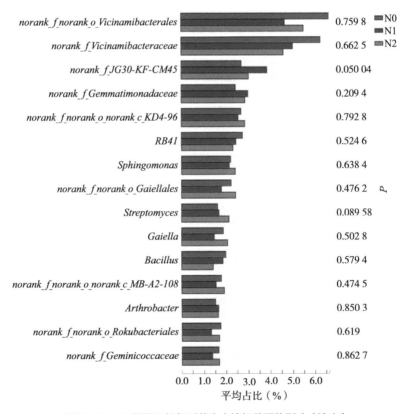

图 6-12　B4 播期下施氮对花生土壤细菌属的影响（济南）

（* 表示 $P \leqslant 0.05$；** 表示 $P \leqslant 0.01$；*** 表示 $P \leqslant 0.001$）

二、施氮对 JH16 根际土壤细菌多样性的影响

（一）测序结果与质量描述

36 个样品测序共获得 2 834 646 对 Reads，双端 Reads 拼接、过滤后共产生 2 627 129 条 Clean tags，每个样品至少产生 54 393 条 Clean tags，平均产生 72 976 条 Clean tags，平均序列长度 417 bp。对 Reads 在 97.0% 的相似度水平下进行聚类、获得 OTU。图 6-13 表明，本试验总共获得 1 834 个具有特征的 OTU，各样品包含的 OTU 数目在 1 405～1 764 变动。基于 Silva 分类学数据库对聚类获取的 OTU 进行分类学注释，进而在各水平统计各样品群落组成，本试验测序总共得到各水平（门、纲、目、科、属、种）下物种数目为 23、68、146、223、385、420。

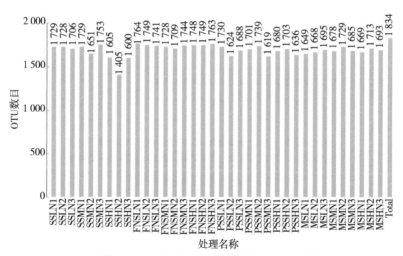

SS—苗期；FNS—花针期；PSS—结荚期；MS—成熟期；
LN—不施氮处理（N0）；MN—中氮处理（N1）；HN—高氮处理（N2）。

图 6-13　样品 OTU 个数分布图（长沙）

（"1、2、3"分别为一个处理的 3 次重复）

样品稀释曲线表明，在一定范围内，随着测序条数的加大，曲线急剧上升，有大量物种被发现；增大测序量后曲线趋于平缓，表明环境中的物种并不会随测序数量的增加而显著增多，测序深度满足试验需要（图6-14）。等级丰度曲线表明样品的物种组成较丰富，均匀度较高（图6-15）。

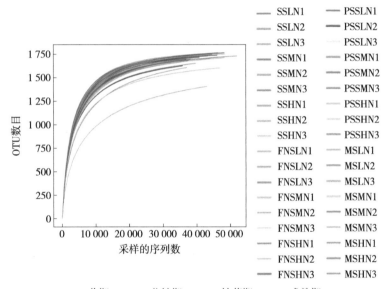

SS—苗期；FNS—花针期；PSS—结荚期；MS—成熟期；
LN—不施氮处理（N0）；MN—中氮处理（N1）；HN—高氮处理（N2）。

图6-14　样品稀释曲线（长沙）
（"1、2、3"分别为一个处理的3次重复）

（二）共有和特有OTU数目

利用Venn图可以展示不同处理下样本间共有和特有的OTU数目，直观地表现出样品间OTU的重合情况，结合OTU所代表的物种，可以找出不同环境中的共有微生物。由图 6-16 可知，苗期不施氮处理（LN）、中氮处理（MN）、高氮处理（HN）之间共有 OTU 数目为 1750，特有 OTU 数目分别为 3、5、10；花针期 LN、MN、HN 处理间共有 OTU 数目为 1 800，特有 OTU 数目分别为 0、0、4；结荚期 LN、MN、HN 处理间共有 OTU 数目为 1 765，特有 OTU 数目分别为 3、10、2；成熟期 LN、MN、HN 处理间共有 OTU 数目为 1 760，特有 OTU 数目分别为 0、5、8。

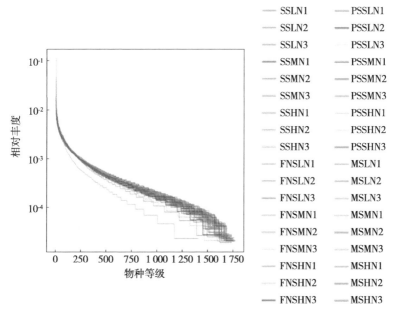

SS—苗期；FNS—花针期；PSS—结荚期；MS—成熟期；
LN—不施氮处理（N0）；MN—中氮处理（N1）；HN—高氮处理（N2）。

图 6-15　样品等级丰度曲线（长沙）

（"1、2、3"分别为一个处理的 3 次重复）

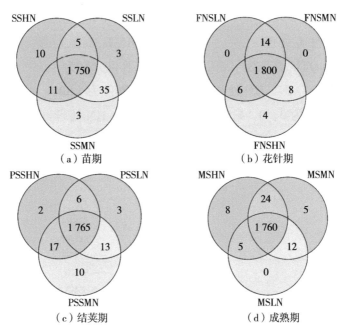

SS—苗期；FNS—花针期；PSS—结荚期；MS—成熟期；
LN—不施氮处理（N0）；MN—中氮处理（N1）；HN—高氮处理（N2）。

图 6-16　Venn 图（长沙）

（三）门水平物种组成

在门水平下选取丰度比例高于 0.1% 的物种作图，并将其他物种合并为 Others 在图中显示，Unknown 代表未得到分类学注释的物种。如图 6-17 所示，变形菌门、酸杆菌门、绿弯菌门、放线菌门、芽单胞菌门、拟杆菌门、疣微菌门是所有样品中的优势菌门，所占比例超过 85%。不同菌门在不同时期具有不同丰度，并且表现出一定的规律。变形菌门在不同处理下随着生育期的进行，丰度呈现出先降低后升高的趋势，在结荚期有最低丰度，生育期往后进行的过程中，MN 处理下的变形菌门丰度要更高。酸杆菌门在不同处理下随着生育期的进行丰度呈现先升高后降低的趋势,在结荚期有最高丰度,苗期 MN、HN 处理较 LN 处理分别降低了 13.43%、12.16%。绿弯菌门没有明显的变化趋势,但是各处理都在结荚期有最高丰度,MN、HN 处理较 LN 处理分别提高了 12.60%、23.15%。放线菌门在不同处理下随着生育期的进行,丰度呈现出先降低后升高的趋势,在花针期丰度最低,苗期和成熟期不同处理间差异较大,苗期 MN、HN 处理较 LN 处理分别提高了 18.77%、14.34%,成熟期 MN、HN 处理较 LN 处理降低了 4.89%、9.16%。芽单胞菌门无明显变化趋势,差异主要存在于苗期,MN、HN 处理较 LN 处理分别提高了 11.31%、51.53%。

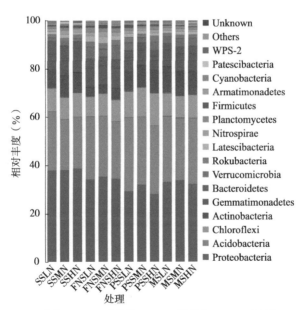

SS—苗期;FNS—花针期;PSS—结荚期;MS—成熟期;
LN—不施氮处理(N0);MN—中氮处理(N1);HN—高氮处理(N2)。

图 6-17 门水平物种分布柱状图(长沙)

对丰度较低的部分菌门做箱线图并进行显著性分析，苗期浮霉菌门在 LN、MN 处理下丰度分别极显著（$P<0.01$）和显著（$P<0.05$）高于 HN 处理；苗期拟杆菌门在 LN、MN 处理下丰度显著高于 HN 处理；蓝细菌门丰度随着生育期的进行呈现先升后降再升的趋势，在结荚期 LN 处理下丰度极显著高于 MN 处理，在成熟期 HN 处理下丰度极显著高于 LN 处理；厚壁菌门丰度呈先升后降的趋势，在成熟期 MN 处理下丰度显著高于 HN 处理（图 6-18）。

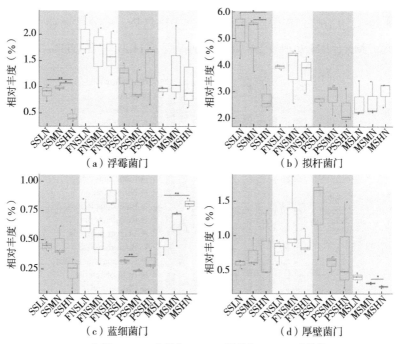

（a）浮霉菌门　　　　　（b）拟杆菌门

（c）蓝细菌门　　　　　（d）厚壁菌门

SS—苗期；FNS—花针期；PSS—结荚期；MS—成熟期；

LN—不施氮处理（N0）；MN—中氮处理（N1）；HN—高氮处理（N2）。

图 6-18　优势菌门的丰度差异（长沙）

（* 表示 $P<0.05$；** 表示 $P<0.01$）

（四）属水平物种热图

选取丰度前20的属水平物种进行物种热图分析，通过颜色梯度及相似程度来反映多个样品群落组成的相似性和差异性。如图6-19所示，不同的属水平物种在不同时期和不同处理下丰度存在差异，其中苗期鞘氨醇单胞菌属丰度更高，酸杆菌目下一种不可培养属、*Candidatus-Udaeobacter*、RB41在苗期丰度都比其他生育期低，黄杆菌科下一种不可培养属、硝化螺菌属、微球菌科下一种不可培养属在MN处理的丰度更高；花针期Gaiellales下一种不可培养属丰度更低，Latescibacteria下一种不可培养属、硝化螺菌属、*Haliangium*、微球菌科下一种不可培养属在花针期有更高丰度且在处理MN下更高；结荚期酸杆菌目下一种不可培养属有更高丰度，Gaiellales下一种不可培养属、Rokubacteriales下一种不可培养属、*Candidatus-Solibacter*、RB41在HN处理有更高丰度；成熟期鞘氨醇单胞菌属、RB41、微球菌科下一种不可培养属在HN处理下有更高丰度（图6-19）。

（五）α多样性分析

α多样性反映的是样品物种丰度及物种多样性。结果表明，苗期HN处理较LN和MN处理的OTU数、Shannon指数极显著降低，Chao1指数和ACE指数显著降低，说明苗期HN处理受氮肥影响较大，物种丰度及物种多样性都显著降低。花针期根际微生物有更高的丰度和多样性，OTU数、ACE、Chao1、Shannon指数在全生育期内更高，结荚期和成熟期根际微生物的丰度和多样性降低（图6-20）。

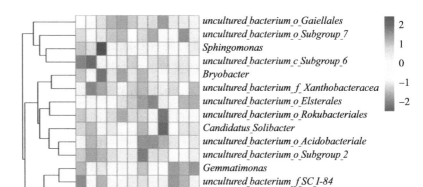

SS—苗期；FNS—花针期；PSS—结荚期；MS—成熟期；
LN—不施氮处理（N0）；MN—中氮处理（N1）；HN—高氮处理（N2）。

图6-19　属水平物种丰度热图（长沙）

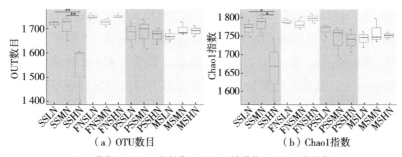

（a）OTU数目　　　　　　　　　　（b）Chao1指数

SS—苗期；FNS—花针期；PSS—结荚期；MS—成熟期；
LN—不施氮处理（N0）；MN—中氮处理（N1）；HN—高氮处理（N2）。

图6-20　α多样性指数（长沙）

（*表示 P＜0.05；**表示 P＜0.01）

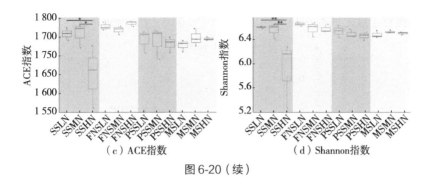

图6-20（续）

（六）β多样性分析

采用非加权的 Binary jaccard 算法进行 PCoA 分析进一步描述样品间的多样性。如图 6-21 所示，苗期 PC1 与 PC2 对组间差异的贡献率分别为 53.15%、16.34%，处理 LN 与处理 MN 各个样品更多的聚在一起，说明此时两种处理下的根际微生物群落结构较为相似；花针期 PC1 与 PC2 对组间差异的贡献率分别为 34.29%、16.11%，处理 LN 和处理 HN 组内样品较好的聚在一起，组内差异较小，处理 MN 组内差异较大；结荚期 PC1 与 PC2 对组间差异的贡献率分别为 26.44%、19.77%，成熟期 PC1 与 PC2 对组间差异的贡献率分别为 22.05%、17.55%，随着生育期的推进，样品点发生分散，群落结构发生变化，组内差异较大。偏 RDA 分析表明，在花生全生育期内施氮量和生育时期对根际细菌群落结构的解释率分别为 7.51%、10.17%；UPGMA 分析也表明样品更倾向于根据不同的生育时期进行聚类（图 6-22）。共现网络分析（图 6-23）表明，一个属内大多数 OTU（如 *Sphingomonas* 和 *Candidatus-Udaeobacter* 中的 OTU）的相对丰度呈显著正相关（$P < 0.05$，*Pearson index* > 0.6）。然而，同一属的少数 OTU（如 *Nitrospira* 中的 OTU 数目 95 和 OTU 数目 97，以及 *Candidatus-Solibacter* 中的 OTU 数目 8 012 和其他 OTU）的相对丰度之间存在显著的负相关（$P<0.05$，*Pearson index* <-0.6）。

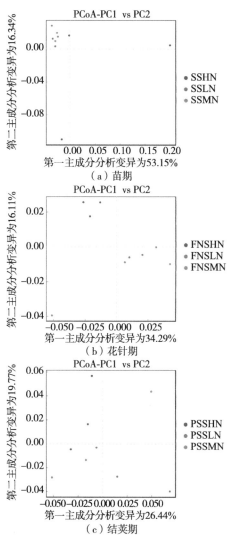

SS—苗期；FNS—花针期；PSS—结荚期；MS—成熟期；
LN—不施氮处理（N0）；MN—中氮处理（N1）；HN—高氮处理（N2）。

图6-21　PCoA 分析（长沙）

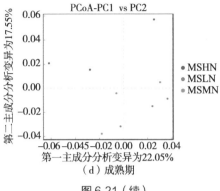

图 6-21（续）

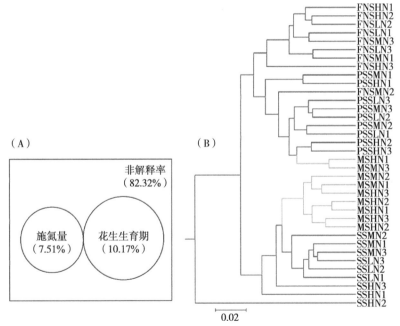

SS—苗期；FNS—花针期；PSS—结荚期；MS—成熟期；
LN—不施氮处理（N0）；MN—中氮处理（N1）；HN—高氮处理（N2）。

图 6-22　偏 RDA 分析（A）与 UPGMA 分析（B）（长沙）

（"1、2、3"分别为一个处理的 3 次重复）

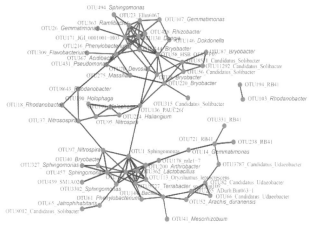

图6-23 共现网络分析（长沙）

红线代表显著正相关（*P*<0.05，*Pearson index*>0.6）；

蓝线代表显著负相关（*P*<0.05，*Pearson index*<−0.6）。

（七）土壤理化性质变化

土壤养分除被作物吸收利用外，土壤微生物能分解难溶的元素增加土壤养分含量，因此，土壤的理化性质处于动态的变化中。图6-24显示，在全生育期内施氮量并未对总氮（TN）和总磷（TP）产生显著影响。碱解氮（AN）随着施氮量的增加在苗期和结荚期表现出显著提高（*P*<0.05）。有效磷（AP）在花针期与施氮量呈显著的负相关关系。总钾（TK）与速效钾（AK）具有极其类似的变化趋势，在苗期、花针期和结荚期 AK 都与施氮量呈负相关关系，且达到显著水平，TK 在花针期与结荚期与施氮量显著负相关。pH 值在全生育期内与施氮量负相关，在苗期达到极显著水平，结荚期与成熟期 LN 处理均显著高于 HN 处理。交换性钙（ECa）在各生育期都表现为 MN 处理更高，成熟期 MN 处理 ECa 含量显著高于 LN 与 HN 处理。Pearson 相关性分析表明，AP

与 TP、AK 与 TK、TN 与 ECa 极显著正相关（$P<0.01$），AN 与 ECa、AK 与 ECa 显著正相关（$P<0.05$），pH 值与 AN 极显著负相关，而 TN 与 AN 不存在显著的相关关系（图 6-25）。

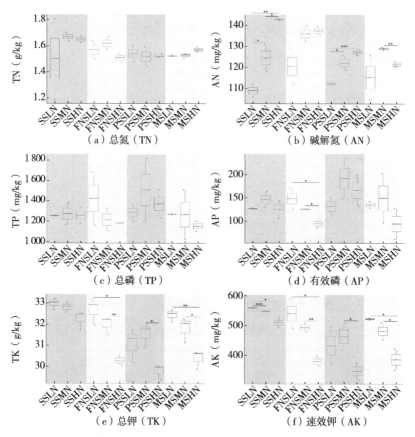

SS—苗期；FNS—花针期；PSS—结荚期；MS—成熟期；
LN—不施氮处理（N0）；MN—中氮处理（N1）；HN—高氮处理（N2）。

图 6-24　土壤理化性质（长沙）
（* 表示 $P<0.05$；** 表示 $P<0.01$；*** 表示 $P<0.001$）

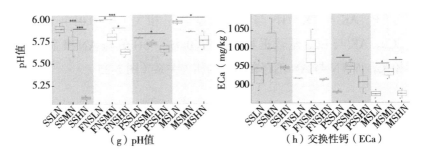

（g）pH值　　　　　　　　（h）交换性钙（ECa）

图6-24（续）

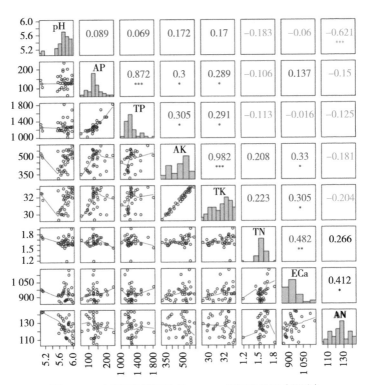

图6-25　土壤理化性质的 Pearson 相关性分析（长沙）

（红色数字代表正相关；蓝色数字代表负相关；左下方为数据的散点图；
* 表示 $P<0.05$；** 表示 $P<0.01$；*** 表示 $P<0.001$）

（八）RDA 分析

在属水平下，将各时期样本土壤理化性质与细菌物种进行冗余分析。结果表明，不同时期影响物种丰度的环境因子存在差异，且物种与环境因子的关联性在不同时期也不同。苗期 RDA1 轴和 RDA2 轴贡献率分别为 28.38%、18.1%；土壤细菌群落受 AN（P=0.021）显著影响，受 pH 值（P=0.001）极显著影响；苯杆菌属、*Haliangium*、Ellin6067 与 pH 值、TK、AK 呈正相关，与 AN 负相关；*Candidatus-Solibacter*、硝化螺菌属与 TN、AP 呈负相关。花针期 RDA1 轴和 RDA2 轴贡献率分别为 26.55%、18.23%；念珠菌属、*Haliangium*、红丹酸杆菌、芽单胞菌属、鞘氨醇单胞菌属与 AK、TK、AP、pH、TN、ECa 呈负相关，与 AN 呈正相关。结荚期 RDA1 轴和 RDA2 轴贡献率分别为 24.22%、15.88%；TP（P=0.037）、AP（P=0.015）、ECa（P=0.044）显著影响根际细菌群落结构；鞘氨醇单胞菌属、红丹酸杆菌、*Haliangium*、芽单胞菌属与 TP、AP、ECa 呈正相关，与 TN 呈负相关；AK、TK、pH 与慢生根瘤菌属呈正相关，与 *Candidatus-Solibacter*、念珠菌属负相关。成熟期 RDA1 轴和 RDA2 轴贡献率分别为 24.1%、21.68%，此时期土壤环境因子与细菌物种间的相关性较小（图 6-26）。

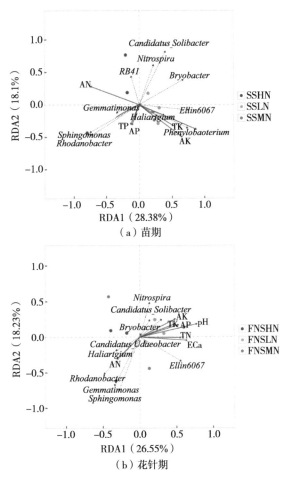

（a）苗期

（b）花针期

SS—苗期；FNS—花针期；PSS—结荚期；MS—成熟期；
LN—不施氮处理（N0）；MN—中氮处理（N1）；HN—高氮处理（N2）。

图6-26　RDA分析（长沙）

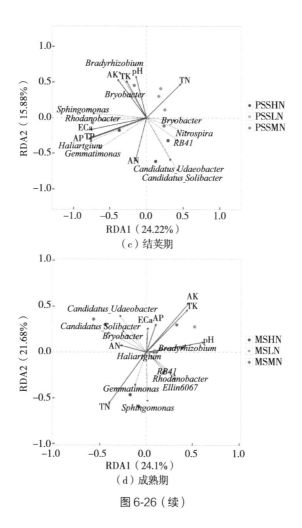

（c）结荚期

（d）成熟期

图 6-26（续）

（九）BugBase 预测细菌表型

利用 BugBase 基于细菌 OTU 分析微生物表型，并进行功能预测，图 6-27 所示，移动元件含量预测表明，除花针期外其余生育时期 MN 处理下相对丰度都要更高；兼性厌氧预测表明，前 3 个

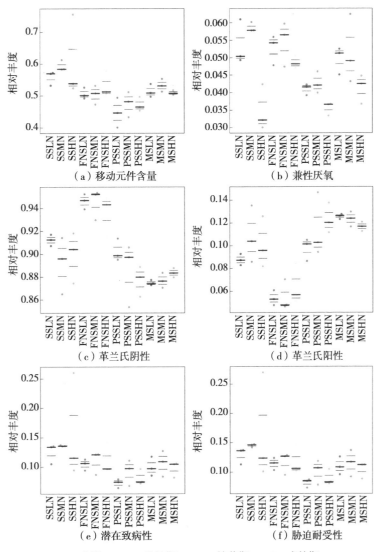

（a）移动元件含量　　　　　　（b）兼性厌氧

（c）革兰氏阴性　　　　　　　（d）革兰氏阳性

（e）潜在致病性　　　　　　　（f）胁迫耐受性

SS—苗期；FNS—花针期；PSS—结荚期；MS—成熟期；
LN—不施氮处理（N0）；MN—中氮处理（N1）；HN—高氮处理（N2）。

图 6-27　BugBase 预测细菌表型（长沙）

生育时期 MN 处理下相对丰度更高，并且全生育期 HN 处理都显示更低的相对丰度；革兰氏阴性与阳性预测显示，根际细菌绝大部分属于革兰氏阴性细菌，不同处理间丰度无规律变化，但革兰氏阴性预测表明各处理在花针期都有最高相对丰度，革兰氏阳性预测则相反；潜在致病性与胁迫耐受性预测表明，全生育期内在 MN 处理下都具有更高相对丰度。

第二节
施氮对土壤真菌多样性的影响

选择花生品种花育 22 为研究对象，采集其结荚期 4 个播期田间 0～20 cm 土壤进行土壤真菌的群落结构和多样性测试及分析。

一、B1 播期土壤真菌的群落结构和多样性分析

图 6-28 显示，经过抽平之后，分析聚类得到真菌 OTU 的数目，其中 OTU 数目从少到多依次为 N2、N0、N1 处理，分别为 670、679、688，说明 B1 播期下适量施氮会丰富土壤真菌的群落结构，而高氮可能起到抑制作用。在门水平对各个处理的真菌相对丰度进行检测，结果表明，B1 播期下土壤真菌的优势门为子囊菌门（Ascomycota）、被孢霉门（Mortierellomycota）、担子菌门（Basidiomycota）、未知菌门（unclassified_k_Fungi）、壶菌门（Chytridiomycota）（图 6-29）。对这 5 个真菌优势门进行显著性分析，发现施氮显著降低了子囊菌门的相对丰度，显著提高了

被孢霉门和壶菌门的相对丰度，改变了土壤真菌优势门的相对丰度（表 6-5）。进一步在属水平分析施氮对土壤真菌的影响，发现在 B1 播期下，施氮会显著降低绿僵菌属（*Metarhizium*）的相对丰度，显著增加柄孢壳菌属（*Podospora*）的相对丰度（图 6-30）。

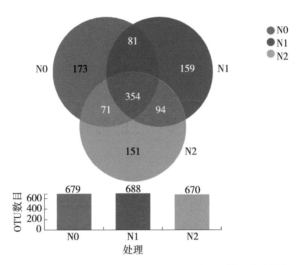

图 6-28　B1 播期下施氮对花生土壤真菌分类操作单元丰度的韦恩图

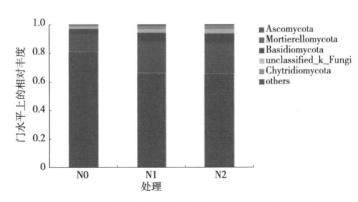

图 6-29　B1 播期下施氮对花生土壤真菌门丰富度的影响

表6-5 B1播期下优势门水平上的相对丰度

处理	子囊菌门	被孢霉门	担子菌门	未知菌门	壶菌门
N0	0.810a	0.124b	0.034a	0.017a	0.010b
N1	0.662b	0.220a	0.059a	0.026a	0.023ab
N2	0.655b	0.218a	0.062a	0.030a	0.027a

注：同列数值后不同小写字母表示差异显著。

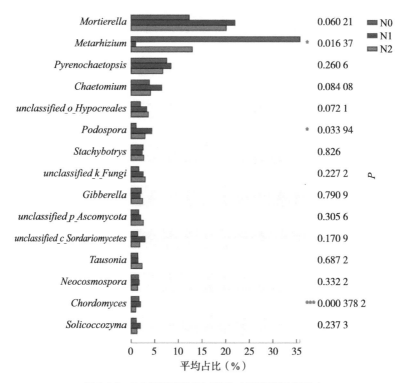

图6-30 B1播期下施氮对花生土壤真菌属的影响

（*表示 $P < 0.05$；**表示 $P < 0.01$；***表示 $P < 0.001$）

二、B2 播期土壤真菌的群落结构和多样性分析

对 B2 播期条件下花生土壤真菌的群落结构和多样性进行了分析。其中 OTU 数目从少到多依次为 N0、N1、N2 处理，分别为 669、682 和 792，说明施氮丰富了 B2 播期下土壤真菌的群落结构（图 6-31）。在门水平对各个处理的真菌相对丰度进行检测，结果表明，B2 播期下土壤真菌的主要优势门与 B1 播期的相同（图 6-32）。对子囊菌门（Ascomycota）、被孢霉门（Mortierellomycota）、担子菌门（Basidiomycota）、未知菌门（unclassified_k_Fungi）、壶菌门（Chytridiomycota）前 5 个真菌优势门进行显著性分析，发现施氮量为 120 kg/hm^2 显著增加了子囊菌门的相对丰度，显著降低了被孢霉门的相对丰度（表 6-6）。进一步在属水平分析施氮对土

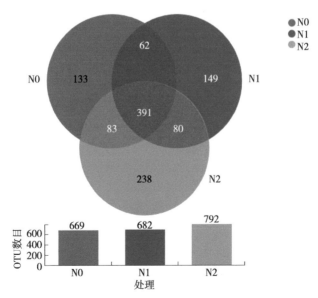

图 6-31　B2 播期下施氮对花生土壤真菌分类操作单元丰度的韦恩图

壤真菌的影响，发现在 B2 播期下，施氮会显著降低拟棘壳孢属（*Pyrenochaetopsis*）和 *unclassified_p_Ascomycota* 的相对丰度；青霉属（*Penicillium*）和 *unclassified_o_Coniochaetales* 的相对丰度则是在低氮水平升高，高氮水平降低；而裂壳属（*Schizothecium*）则正好相反，在低氮水平降低，高氮水平升高（图 6-33）。

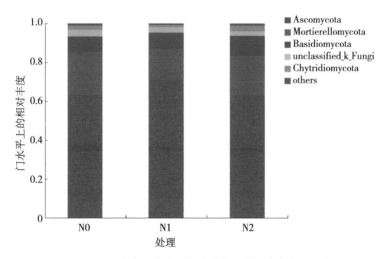

图 6-32　B2 播期下施氮对花生土壤真菌门丰富度的影响

表 6-6　B2 播期下优势门水平上的相对丰度

处理	子囊菌门	被孢霉门	担子菌门	未知菌门	壶菌门
N0	0.634b	0.221a	0.078a	0.033a	0.022a
N1	0.709a	0.162b	0.082a	0.027a	0.012a
N2	0.630b	0.205ab	0.102a	0.022a	0.031a

注：同列数值后不同小写字母表示差异显著。

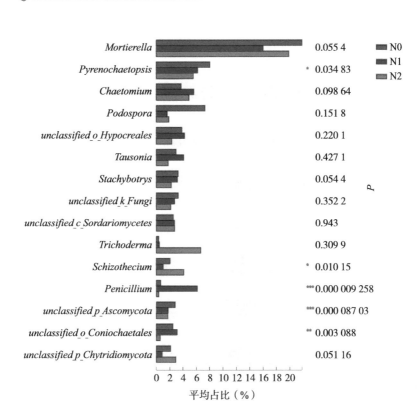

图 6-33 B2 播期下施氮对花生土壤真菌属的影响

（* 表示 *P*＜0.05；** 表示 *P*＜0.01；*** 表示 *P*＜0.001）

三、B3 播期土壤真菌的群落结构和多样性分析

B3 播期土壤真菌 OTU 数目从少到多依次为 N1、N0、N2 处理，分别为 707、717 和 745，说明高氮处理丰富了 B3 播期下土壤真菌的群落结构（图 6-34）。在门水平对各个处理的真菌相对丰度进行检测，结果表明，B3 播期下土壤真菌的前 5 个优势门与 B1 和 B2 相同，但多了球囊菌门（Glomeromycota）（图 6-35）。对子囊菌门（Ascomycota）、被孢霉门（Mortierellomycota）、担

子菌门（Basidiomycota）、未知菌门（unclassified_k_Fungi）、壶菌门（Chytridiomycota）前5个真菌优势门进行显著性分析，发现施氮显著增加子囊菌门的相对丰度，显著降低了担子菌门的相对丰度（表6-7）。进一步在属水平分析施氮对土壤真菌的影响，发现在B3播期下，施氮会显著增加 unclassified_o_Hypocreales、葡萄穗霉属（Stachybotrys）和 unclassified_c_Sordariomycetes 的相对丰度，显著降低了拟棘壳孢属（Pyrenochaetopsis）和绿僵菌属（Metarhizium）的相对丰度；对于踝节菌属（Talaromyces）则是低氮增加，高氮降低其相对丰度（图6-36）。

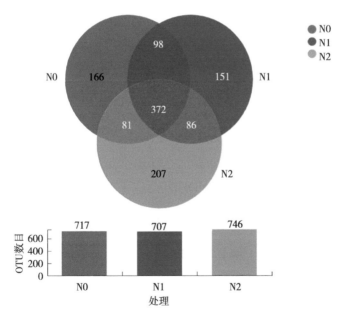

图6-34　B3播期下施氮对花生土壤真菌分类操作单元丰度的韦恩图

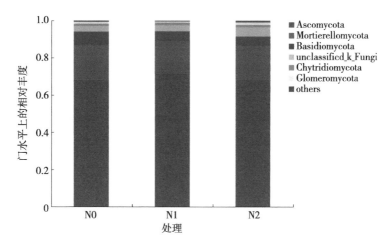

图 6-35　B3 播期下施氮对花生土壤真菌门丰富度的影响

表 6-7　B3 播期下优势门水平上的相对丰度

处理	子囊菌门	被孢霉门	担子菌门	未知菌门	壶菌门
N0	0.568c	0.224a	0.109a	0.039a	0.029a
N1	0.642b	0.242a	0.060b	0.025a	0.024a
N2	0.691a	0.206a	0.038b	0.032a	0.020a

注：同列数值后不同小写字母表示差异显著。

四、B4 播期土壤真菌的群落结构和多样性分析

B4 播期花生土壤真菌 OTU 数目从少到多依次为 N1、N2、N0 处理，分别为 570、675、735，说明在 B4 播期下施氮抑制了土壤真菌的群落结构（图 6-37）。在门水平对各个处理的真菌相对丰度进行检测，结果表明，B4 播期下土壤真菌的优势门与 B3 播期的相同（图 6-38）。对子囊菌门（Ascomycota）、被孢霉门（Mortierellomycota）、担子菌门（Basidiomycota）、未知菌门

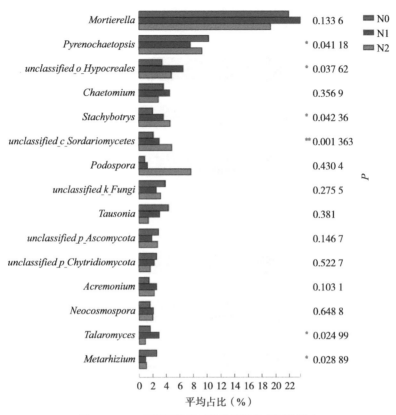

图 6-36 B3 播期下施氮对花生真菌细菌属的影响

（* 表示 $P<0.05$；** 表示 $P<0.01$；*** 表示 $P<0.001$）

（unclassified_k_Fungi）、壶菌门（Chytridiomycota）等前 5 个真菌优势门进行显著性分析，发现施氮对土壤真菌优势门的相对丰度没有显著性影响（表 6-8）。进一步在属水平分析施氮对土壤真菌的影响，结果发现，施氮会显著增加拟棘壳孢属（*Pyrenochaetopsis*）、绿僵菌属（*Metarhizium*）和未知菌门（*unclassified_p_Ascomycota*）的相对丰度；对于毛壳菌属（*Chaetomium*），则是低氮下增加，高氮下抑制其相对丰度（图 6-39）。

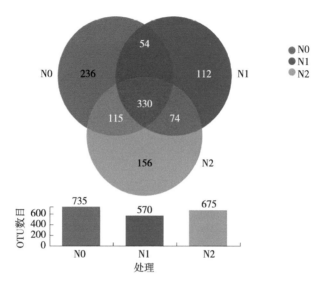

图 6-37　B4 播期下施氮对花生土壤真菌分类操作单元丰度的韦恩图

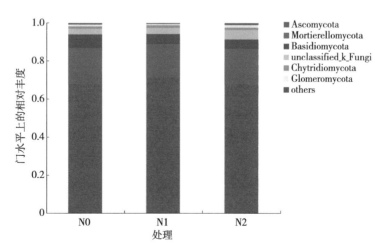

图 6-38　B4 播期下施氮对花生土壤真菌门丰富度的影响

表6-8　B4 播期下优势门水平上的相对丰度

处理	子囊菌门	被孢霉门	担子菌门	未知菌门	壶菌门
N0	0.680a	0.192a	0.069a	0.029a	0.013a
N1	0.713a	0.179a	0.051a	0.031a	0.015a
N2	0.680a	0.188a	0.047a	0.050a	0.013a

注：同列数值后不同小写字母表示差异显著。

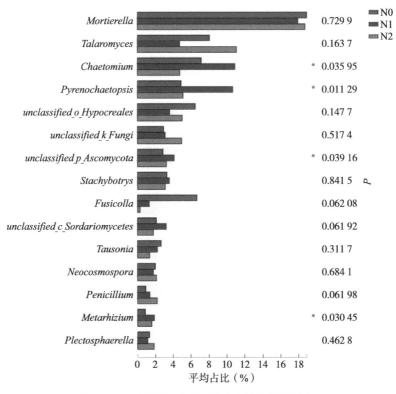

图 6-39　B4 播期下施氮对花生土壤真菌属的影响

（ * 表示 *P*＜0.05； ** 表示 *P*＜0.01； *** 表示 *P*＜0.001 ）

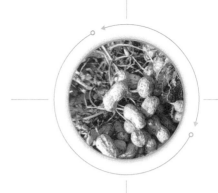

第 7 章

施氮对花生产量和品质的影响

第一节
施氮对花生产量和产量构成因素的影响

一、施氮对济南地区花生产量和产量构成因素的影响

播期和施氮量显著影响两个花生品种的产量性状，荚果产量、单株结果数、百果重和百仁重在一定氮肥水平内随施氮量的增加而显著提高。HY22 的产量随施氮量的增加先升后降，施氮量为 120 kg/hm² 时产量最高，较 N2 处理提高 6.1%；与 N0 相比在 B1、B2、B3 和 B4 播期下分别提高 19.0%、19.6%、19.5% 和 17.3%。JH16 在施氮量为 240 kg/hm² 时产量最高，与 N0 相比在 B1、B2、B3 和 B4 播期下分别提高 16.9%、19.2%、19.2% 和 15.9%，N1 和 N2 处理产量无显著性差异。增施氮肥，单株结果数和百果重分别显著提高 15.9%～33.3% 和 5.9%～7.1%。同一氮肥水平下随着播期推迟，花生的产量逐渐降低。B1 播期产量最高，HY22、JH16 分别较 B2、B3、B4 播期显著提高 5.5%、12.8%、30.7% 和 7.3%、20.2%、44.9%，表明适时早播有利于花生产量的提高，播期过晚则造成产量显著降低；增加氮肥施用可提高晚播花生产量。花生单株结果数、百果重和百仁重随播期的变化规律与产量一致。适当早播和施氮优化了花生产量性状，有利于高产形成（表 7-1）。

表 7-1　播期和施氮对花生产量和产量构成的影响（济南）

处理		产量 (kg/hm²)	单株结果数 （个）	百果重 (g)	百仁重 (g)
		HY22			
N0	B1	5 166.7d	12.9c	253.1b	91.8bcd
	B2	4 895.8e	11.6d	248.9bc	89.8de
	B3	4 583.3f	10.3d	240.2c	86.1ef
	B4	3 979.2g	8.3e	227.4d	82.6f
N1	B1	6 145.8a	16.7a	271.4a	100.5a
	B2	5 854.2b	14.9b	267.1a	95.8b
	B3	5 479.2c	14.5b	252.1b	91.2bcd
	B4	4 666.7f	11.5d	245.6bc	87.7de
N2	B1	5 812.5b	15.5a	270.8a	101.1a
	B2	5 479.2c	14.3b	265.6a	95.2bc
	B3	5 125.0d	13.5b	249.7bc	90.9cde
	B4	4 458.3f	11.7d	242.5bc	87.1de
播期 （B）平均	B1	5 708.3a	15.0a	265.1a	97.8a
	B2	5 409.7ab	13.6ab	260.5a	93.6ab
	B3	5 062.5b	12.8b	247.4b	89.4bc
	B4	4 368.1c	10.5c	238.5b	85.8c
氮处理 （N）平均	N0	4 656.3b	10.8b	242.4b	87.6b
	N1	5 536.5a	14.4a	259.1a	93.8a
	N2	5 218.8a	13.8a	257.2a	93.6a
变异来源	B	**	**	**	**
	N	**	**	**	**
	B×N	ns	ns	ns	ns

表 7-1（续）

处理		JH16			
N0	B1	5 562.5c	16.0b	218.1bc	83.4bc
	B2	5 104.2d	13.9ef	213.0c	79.5cd
	B3	4 562.5e	12.2g	210.2c	77.5d
	B4	3 791.7f	10.6h	199.5d	70.8e
N1	B1	6 500.0a	17.6a	233.3a	89.4a
	B2	6 083.3b	15.7bc	225.5b	86.9ab
	B3	5 437.5c	14.4de	219.3bc	83.6bc
	B4	4 395.8e	13.4f	212.7c	78.3d
N2	B1	6 562.5a	17.7a	236.3a	89.7a
	B2	6 166.7b	16.0b	227.5b	88.0ab
	B3	5 500.0c	14.9cd	222.3b	84.3bc
	B4	4 666.7e	15.0cd	214.7c	79.9cd
播期（B）平均	B1	6 208.3a	17.1a	229.2a	87.5a
	B2	5 784.7a	15.2b	222.0ab	84.8ab
	B3	5 166.7b	13.8c	217.3bc	81.8b
	B4	4 284.7c	12.9c	209.0c	76.3c
氮处理（N）平均	N0	4 755.2b	13.2b	210.2b	77.8b
	N1	5 604.2a	15.3a	222.7a	84.5a
	N2	5 724.2a	15.8a	225.2a	85.5a
变异来源	B	**	**	**	**
	N	**	**	**	**
	B × N	ns	ns	ns	ns

注: 1. 同一列数据后不同小写字母表示在 0.05 水平上差异显著。

　　2. ns 表示处理间无显著性差异，* 和 ** 分别表示在 0.05 和 0.01 水平上差异显著。

二、施氮量对长沙地区花生产量及产量构成因素的影响

JH16 荚果饱果数、饱果重、荚果产量 N2 处理较 N0 和 N1 处理分别显著提高了 24.39%、23.89%，27.55%、26.41%，50.89%、32.85%。表明长沙地区施氮量增加有利于 JH16 的产量提高（表 7-2）。

表 7-2　施氮对 JH16 产量及产量构成因素（长沙）

处理	饱果数（个 / 株）	饱果重（g/ 株）	百仁重（g）	荚果产量（kg/hm²）
N0	12.30b	21.49b	80.06a	3 337.53b
N1	12.35b	22.34b	80.71a	3 790.69b
N2	15.30a	27.41a	81.36a	5 036.02a

注：同一列数据后不同小写字母表示在 0.05 水平上差异显著。

第二节
施氮对花生品质的影响

一、施氮对济南地区花生品质的影响

施氮提高了花生籽仁中粗蛋白质和脂肪的含量（表 7-3）。随施氮量的增加，HY22 籽仁的粗蛋白含量升高；JH16 籽仁的粗蛋白含量、HY22 和 JH16 粗脂肪含量先升后降，与 N0 相比分别提高 6.9%、17.6% 和 4.7%。随播期的推迟，HY22 粗蛋白含量先增后减，以 B2 处理粗蛋白含量最高；JH16 粗蛋白含量先降后升，

以 B1 处理粗蛋白含量最高。HY22 和 JH16 粗脂肪含量均随播期的推迟逐渐降低。因此，单从品质方面来看，适当早播及施氮有利于花生品质提升。

表 7-3　播期和施氮对花生粗蛋白和粗脂肪的影响（%）（济南）

处理		HY22		JH16	
		粗蛋白含量	粗脂肪含量	粗蛋白含量	粗脂肪含量
氮水平（N）	N0	15.4c	57.7b	18.2bc	57.6b
	N1	18.4b	61.7a	21.4a	60.3a
	N2	20.2a	58.7ab	19.7b	59.2ab
播期（B）	B1	18.1b	60.5a	22.3a	60.8a
	B2	18.8b	59.2ab	19.4b	59.9ab
	B3	18.5b	59.6ab	17.4c	58.1ab
	B4	16.6c	58.1b	20.1ab	57.3b
变异来源	B	**	**	**	**
	N	**	**	**	**
	B×N	ns	ns	ns	**

注：1. 同一列数据后不同小写字母表示在 0.05 水平上差异显著。
　　2. ns 表示处理间无显著性差异，* 和 ** 分别表示在 0.05 和 0.01 水平上差异显著。

二、施氮对长沙地区花生品质的影响

表 7-4 和表 7-5 表明，JH16 籽仁总氨基酸、粗蛋白含量 N0 处理较 N1 和 N2 处理分别提高了 2.44%、3.13% 和 1.63%、2.55%，但差异不显著，苯丙氨酸、精氨酸、亮氨酸、脯氨酸、缬氨酸也在 N0 处理下含量略高。籽仁油酸、亚油酸含量 N1 和 N2 处理较 N0 处理分别显著提高了 6.46%、6.00% 和 49.67%、43.46%，N0

处理的籽仁 O/L 值显著高于 N1 和 N2 处理，含油量、花生酸、棕榈酸、山嵛酸含量处理间无显著差异。表明长沙地区施氮对 JH16 籽仁粗蛋白和粗脂肪等主要质量指标的含量无显著影响，仅对油酸、亚油酸含量及 O/L 值产生影响。

表 7-4　施氮量对 JH16 籽仁粗蛋白及氨基酸含量的影响（%）（长沙）

处理	总氨基酸	粗蛋白	苯丙氨酸	精氨酸	亮氨酸	脯氨酸	缬氨酸
N0	20.54a	23.69a	1.08a	2.26a	1.48a	0.58a	0.90a
N1	20.00a	22.97a	1.05a	2.22a	1.47a	0.56a	0.88a
N2	20.21a	23.10a	1.06a	2.16a	1.47a	0.56a	0.89a

注：同一列数据后不同小写字母表示在 0.05 水平上差异显著。

表 7-5　施氮量对 JH16 籽仁粗脂肪及脂肪酸含量的影响（长沙）

处理	粗脂肪 (%)	油酸 (%)	亚油酸 (%)	O/L	花生酸 (%)	棕榈酸 (%)	山嵛酸 (%)
N0	57.94a	84.68b	3.06b	29.45a	1.51a	5.14a	2.07a
N1	58.18a	90.15a	4.58a	21.75b	1.54a	4.39a	2.03a
N2	58.35a	89.76a	4.39a	23.28b	1.45a	4.51a	2.06a

注：同一列数据后不同小写字母表示在 0.05 水平上差异显著。

第 8 章

结论与展望

一、结论

北方地区受积温、光照等自然条件的影响，适当早播与增施氮肥可促进花生植株对氮素的吸收，花生根、茎、叶和荚果中 N 含量显著增加，提高了植株干物质量和氮素积累，增加了荚果干物质，提高了氮素分配比例，通过增加单株结果数和百果重实现了花生高产。HY22 在施氮量 120 kg/hm^2 时荚果产量达到最高，JH16 在施氮量 240 kg/hm^2 时荚果产量达到最高，且两个品种产量均在 120 kg/hm^2 和 240 kg/hm^2 施氮水平下差异不显著。施氮量为 120 kg/hm^2 时，两个品种氮肥农学效率和氮肥偏生产力最高。综上所述，对于普通高产花生和高油酸大花生，北方黄淮区域早播（4 月 30 日至 5 月 10 日）可提高花生荚果产量，施氮量应控制在 120 kg/hm^2 左右，以提高籽仁品质和氮肥利用效率。

南方地区，高油酸花生 JH16 则在高氮水平下（240 kg/hm^2）产量最高，且与其他处理差异显著；但与施氮 120 kg/hm^2 相比对籽仁油酸的含量影响不显著。因此，南方地区，高油酸花生种植宜可以适当增施氮肥提高产量。

二、氮素在花生中的应用前景

花生作为豆科植物，与根瘤菌共生固氮是目前清洁、高效的生物固氮方式，但根瘤固氮量只占花生生长发育所需氮素的 40%~60%，要保证较高的产量，另外还需要添加适量的外源氮；且共生固氮体系结瘤和固氮能力受环境中可利用氮素的严格调控，添加过高的氮肥会抑制根瘤固氮，当这些土壤氮水平超过给定的阈值时，则会完全抑制固氮酶活性，导致"氮阻遏"现象的出现

（Wang et al., 2016, Wang et al., 2020）。因此，要实现花生高产仅靠其自身固氮难以满足，必须施用外源氮；但如何合理施用氮肥成为影响花生发挥固氮功能的一个关键因素。

在世界主要花生种植国家中，美国花生平均单产最高，其花生生产上侧重前茬肥，当季基本不施氮肥，只在有机质含量低的地块施纯氮 $15\sim30$ kg/hm^2。印度花生的种植面积居世界第一位，施肥量普遍偏低，一般施纯氮 12.5 kg/hm^2。非洲花生主产国如尼日利亚、加纳等国家，一般与禾本科作物轮作，花生田基本不施氮肥（胡文广 等，2020）。改革开放以后，随着我国化肥工业及经济的发展，农业生产化肥施用量逐渐增加；种植户为了追求花生产量，存在盲目施肥的现象，一些花生高产地块的氮素投入超过 300 kg/hm^2，远远超过花生生长发育的需求量，根瘤固氮所占的比例不超过 10%（仇宏伟 等，2014），甚至看不到根瘤。研究表明 100 kg 花生荚果生长所需纯氮 $4.3\sim6.5$ kg，若按每公顷收获 6 000 kg 的荚果计算，需氮量为 $258\sim390$ kg/hm^2，根据花生营养特性和需肥规律提出的氮减半方案，即每生产 100 kg 花生荚果所需的纯氮约 2.5 kg，平均施纯氮 150 kg/hm^2 即可满足一般高产水平（6 000 kg/hm^2）的花生需要；但因氮挥发和淋溶等方面损失及土壤中大量残留，能为花生所吸收利用的氮素有限，施氮量会大幅提高，无论从生态角度还是效益方面均是不理想的。花生整个生育期，每个阶段需要的氮素数量不同，且根瘤的形成时期及主要固氮阶段集中在花生生育中期，生育前期及后期缺乏足够的氮素供应，易引起生育不良和后期脱肥，因此，生产上花生氮素施用不提倡一次性基施，分期分次补充氮素是一种经济有效的方式。

为此，针对花生不同生育期对氮素需求的特异性，重新构思花生施氮策略及途径：①苗期植株生长较快，对氮素有比较大的需求，同时根瘤菌处于侵染或发育期，尚不具有固氮能力，因此苗期应该施用部分速效氮肥，促进植株发育及根瘤形成；②花针期至结荚末期是根瘤供氮盛期，花生植株以直接吸收利用根瘤固氮为主，此时较高浓度的外源氮素对结瘤及根瘤固氮具有抑制作用，因此，此阶段应补充磷钾钙等其他肥料，减少氮肥施用；③饱果期至成熟期荚果充实需要大量氮素，高产水平下前期植株体内积累的氮素不足以支撑荚果的需要，且由于前期肥料氮的流失及根瘤的衰老，根瘤氮和土壤氮的供应不能满足花生生长需求，这就需要及时补充氮肥。

因此，实施水肥一体化技术或者开发一种分期释放氮素的智能肥料，并结合叶面补充氮肥等措施将会是减少氮肥施用、提高氮肥利用效率的有效途径之一。目前，水肥一体化技术已经比较成熟，但受到设施、成本、水源等因素的限制，大面积应用还需要一定的努力；智能肥料的研制需要新型包膜材料，这需要材料学、化学、物理学等多学科交叉融合，相信随着科学技术的发展，智能肥料将会改变传统的施肥方式，真正做到按需施用、按时释放供应。氮肥作为花生种植及农业生产不可缺少的重要元素，越来越会引起科技界、政府、企业、种植者等多方的关注，氮肥施用将会更加科学、有效，花生产量及品质也将会显著提升。

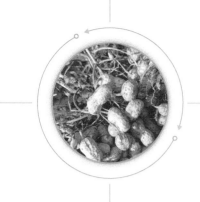

主要参考文献

崔钰曼, 2015. 氮素用量和播期对不同玉米品种光合特性和产量的影响研究 [D]. 吉林 : 吉林农业大学 .

房曾国, 赵秀芬, 2015. 胶东地区不同花生品种的养分吸收分配特征 [J]. 植物营养与肥料学报, 21(1): 241-250.

郝小雨, 高伟, 王玉军, 等, 2012. 有机无机肥料配合施用对日光温室土壤氨挥发的影响 [J]. 中国农业科学, 45(21): 4403-4414.

胡文广, 封海胜, 2000. 印度花生栽培技术考察报告 [J]. 花生科技(4): 15-18.

李菊梅, 李冬初, 徐明岗, 等, 2008. 红壤双季稻田不同施肥下的氨挥发损失及其影响因素 [J]. 生态环境(4): 1610-1613.

李诗豪, 刘天奇, 马玉华, 等, 2018. 耕作方式与氮肥类型对稻田氨挥发、氮肥利用率和水稻产量的影响 [J]. 农业资源与环境学报, 35(5): 447-454.

李晓欣, 胡春胜, 程一松, 2003. 不同施肥处理对作物产量及土壤中硝态氮累积的影响 [J]. 干旱地区农业研究, 21(3): 38-42.

刘崇彬, 张天伦, 王敏强, 2002. 提高豆科作物根瘤固氮能力的措施 [J]. 河南农业科学, 31(5):39.

刘苗, 孙建, 李立军, 等, 2011. 不同施肥措施对玉米根际土壤微生物数量及养分含量的影响 [J]. 土壤通报, 42(4): 816-821.

刘学军, 巨晓棠, 张福锁, 2001. 基施尿素对土壤剖面中无机氮动态的影响 [J]. 中国农业大学学报, 6(5): 63-68.

罗盛, 2016. 玉米秸秆还田与耕作方式对花生田土壤质量和花生营养吸收的影响 [D]. 长沙 : 湖南农业大学 .

马玉华, 刘兵, 张枝盛, 等, 2013. 免耕稻田氮肥运筹对土壤 NH_3 挥发及氮肥利用率的影响 [J]. 生态学报, 33(18): 5556-5564.

彭玉净, 田玉华, 尹斌, 2012. 添加脲酶抑制剂 NBPT 对麦秆还田稻田氨挥发的影响 [J]. 中国生态农业学报, 20(1): 19-23.

仇宏伟, 栾江, 孔祥永, 等, 2014. 我国农业生产中的氮肥利用效率分析 [J]. 青岛农业大学学报 (自然科学版), 31(4): 277-283.

山东省平邑县农业局, 2009. 2009 年平邑县花生高产创建技术总结 [J]. 农业知识(34): 8-10.

申晓慧, 2014. 不同氮肥施用量对大豆根际土壤微生物数量及产量的影响 [J]. 大豆科学, 33(2): 284-286.

孙俊福, 张思苏, 王在序, 等, 1989. 应用 ^{15}N 示踪法研究不同类型花生品种对氮素化肥的吸收利用规律 [J]. 花生学报(1):22-24.

孙学武, 郑永美, 矫岩林, 等, 2022. 花生高质高效生产 200 题 [M]. 北京 : 中国农业出版社 : 35-36.

孙学武, 孙秀山, 王才斌, 等, 2013. 旱地花生不同土壤类型植株氮素积累动态研究 [J]. 作物杂志(2): 96-99.

陶爽, 华晓雨, 王英男, 等, 2017. 不同氮素形态对植物生长与生理影响的研究进展 [J]. 贵州农业科学, 45(12): 64-68.

万书波, 2003. 中国花生栽培学 [M]. 上海 : 上海科学技术出版社 : 253, 259-260.

王才斌, 吴正锋, 孙学武, 等, 2017. 花生营养生理生态与高效施肥 [M]. 北京 : 中国农业出版社 : 9-11, 71-72.

王德民, 张林, 来敬伟, 2009. 邹城市春播花生稳定增产的主要技术障碍及解决措施 [J]. 山东农业科学(9): 111-114.

王建国, 唐朝辉, 张佳蕾, 等, 2022. 播期与施氮量对花生干物质、产量及氮素吸收与利用的影响 [J]. 植物营养与肥料学报, 28(3): 507-520.

吴旭银, 吴贺平, 张淑霞, 等, 2007. 花生 (花育 16) 地膜覆盖栽培氮磷钾的吸收特性 [J]. 河北科技师范学院学报, 21(1):29-32, 51.

吴正锋, 2014. 花生高产高效氮素养分调控研究 [D]. 北京 : 中国农业大学 .

邢瑶, 马兴华, 2015. 氮素形态对植物生长影响的研究进展 [J]. 中国农业科技导报, 17(2): 109-117.

徐茵, 漆栋良, 朱建强, 等, 2020. 控制排水下减量施氮对土壤无机氮含量变化和棉花产量的影响 [J]. 节水灌溉(4): 33-37, 41.

杨旸, 靳学慧, 周燕, 等, 2014. 施氮量对寒区盐碱地马铃薯生育期土壤微生物数量和酶活性的影响 [J]. 中国土壤与肥料(3): 32-37.

杨正, 2022. 施氮量对花生生长发育及根际土壤细菌多样性的影响 [D]. 长沙 : 湖南农业大学 .

杨正, 肖思远, 陈思宇, 等, 2021. 施氮量对不同油酸含量大花生产量及品质的影响 [J]. 河南农业科学, 50(9):44-52.

尹金, 2021. 播期与氮肥互作对花生氮素利用和产量的影响 [D]. 青岛 : 青岛农业大学 .

余常兵, 李银水, 谢立华, 等, 2011. 湖北省花生平衡施肥技术研究 Ⅳ. 农户花生施肥状况 [J]. 湖北农业科学, 50(21): 4354-4356.

曾英松, 2010. 山东省春花生高产栽培关键技术 [J]. 农业知识 (31): 8-9.

张翔, 张新友, 张玉亭, 等, 2012. 氮用量对花生结瘤和氮素吸收利用的影响 [J]. 花生学报, 41(4): 12-17.

张亚如, 崔洁亚, 侯凯旋, 等, 2017. 土壤容重对花生结荚期氮、磷、钾、钙吸收和分配的影响 [J]. 华北农学报, 32(6): 198-204.

赵俊晔, 于振文, 2006. 不同土壤肥力条件下施氮量对小麦氮肥利用和土壤硝态氮含量的影响 [J]. 生态学报, 26(3): 815-822.

BU H, SONG X, ZHANG Y, et al. , 2017. Sources and fate of nitrate in the Haicheng River basin in Northeast China using stable isotopes of nitrate[J]. Ecological Engineering, 98: 105-113.

GRIGGS B R, NORMAN R J, WILSON C E, et al., 2007. Ammonia volatilization and nitrogen uptake for conventional and conservation tilled dry-seeded, delayed-flood rice[J].Soil science society of America journal, 71(3): 745-751.

GUILLARD K, GRIFFIN GF, ALLINSON DW, et al., 1995. Nitrogen utilization of selected cropping systems in the U.S. Northeast:II. soil profile nitrate distribution and accumulation[J]. Agronomy journal, 87(2): 199-207.

JI X, XIE R, HAO Y, et al., 2017. Quantitative identification of nitrate pollution sources and uncertainty analysis based on dual isotope approach in an agricultural watershed[J].Environmental pollution, 229: 586-594.

LEE Y H, KIM M K, LEE J, et al., 2013. Organic fertilizer application increases biomass and proportion of fungi in the soil microbial community in a minimum tillage Chinese cabbage field[J]. Canadian journal of soil science, 93(3): 271-278.

LIU X, JU X, ZHANG F, et al., 2003. Nitrogen dynamics and budgets in a winter wheat-maize cropping system in the North China Plain[J]. Field crops research, 83(2): 111-124.

WANG C B, ZHENG Y M, SHEN P, et al., 2016. Determining N supplied sources and N use efficiency for peanut under applications of four forms of N fertilizers labeled by isotope ^{15}N[J]. Journal of integrative agriculture, (2): 432-439.

WANG Q, HUANG Y G, REN Z J, et al., 2020. Transfer cells mediate nitrate uptake to control root nodule symbiosis[J]. Nature plants, 6(7): 800-808.

YANG Z, LI L, ZHU W J, et al., 2022. Nitrogen fertilizer amount has minimal effect on rhizosphere bacterial diversity during different growth stages of peanut[J]. Peer J 10:e13962.